CITOLOGIA e HISTOLOGIA
Descomplicada

Cecília Juliani Aurélio

CITOLOGIA e HISTOLOGIA
Descomplicada

2ª EDIÇÃO

Freitas Bastos Editora

Copyright © 2024 by Cecília Juliani Aurélio

Todos os direitos reservados e protegidos pela Lei 9.610, de 19.2.1998. É proibida a reprodução total ou parcial, por quaisquer meios, bem como a produção de apostilas, sem autorização prévia, por escrito, da Editora.

Direitos exclusivos da edição e distribuição em língua portuguesa:

Maria Augusta Delgado Livraria, Distribuidora e Editora

Direção Editorial: *Isaac D. Abulafia*
Gerência Editorial: *Marisol Soto*
Diagramação e Capa: *Deborah Célia Xavier*
Revisão: *Tatiana Lopes de Paiva*
Copidesque: *Doralice Daiana da Silva*

Dados Internacionais de Catalogação na Publicação (CIP) de acordo com ISBD

A927c	Aurélio, Cecília Juliani
	Citologia e Histologia Descomplicada / Cecília Juliani Aurélio. – 2. ed. – Rio de Janeiro, RJ : Freitas Bastos, 2024.
	164 p. ; 15,5cm x 23cm.
	Inclui bibliografia.
	ISBN: 978-65-5675-413-0
	1. Citologia. 2. Procariontes. 3. Eucariontes. 4. Membrana plasmática. 5. Osmose. 6. Organelas. 7. DNA. 8. RNA. 9. Mitose. 10. Respiração aeróbica. 11. Respiração anaeróbica. 12. Parede bacteriana. 13. Fotossíntese. 14. Plastos. 15. Glicólise. 16. Ciclo de Krebs. 17. Meiose. 18. Carioteca. 19. Cromatina. I. Título
2024-1791	CDD 611.018 CDU 576

Elaborado por Odilio Hilario Moreira Junior - CRB-8/9949

Índice para catálogo sistemático:
1. Citologia 611.018
2. Citologia 576

Freitas Bastos Editora
atendimento@freitasbastos.com
www.freitasbastos.com

Sobre a autora

Cecília Juliani Aurélio

Mestre em Ciências – Programa de Pós-Graduação em Sustentabilidade, bacharel em Enfermagem, tecnóloga em Gestão Ambiental e licenciada em Biologia. É especialista em terapia intensiva, em centro de diagnósticos e em gestão ambiental.

Docente de Biologia no ensino médio e de disciplinas das áreas da saúde e ambiental no ensino superior e pós-graduação.

Criadora do site e do canal no YouTube Biologia de Bolso – projetos de desenvolvimento de conteúdo para estudantes dos ensinos fundamental, médio e superior. Autora dos livros "Citologia Descomplicada" e "Fisiologia Descomplicada", ambos lançados pela Editora Freitas Bastos.

Sumário

MINIATLAS DE CITOLOGIA E HISTOLOGIA (ANIMAL E VEGETAL) 13

Capítulo 1: UM POUCO DE HISTÓRIA 29

1.1 HISTÓRIA DA CITOLOGIA 29

1.2 TEORIA CELULAR 30

1.3 MICROSCÓPIOS 31

1.4 PREPARO DE LÂMINAS HISTOLÓGICAS 35

Capítulo 2: PROCARIONTES E EUCARIONTES 37

2.1 PROCARIONTES E EUCARIONTES 37

2.2 COMPONENTES QUÍMICOS DAS CÉLULAS 39

Capítulo 3: MEMBRANA PLASMÁTICA 41

3.1 MEMBRANA PLASMÁTICA 41

3.2 DIFUSÃO SIMPLES 43

3.3 DIFUSÃO FACILITADA 44

3.4 OSMOSE 45

3.5 BOMBA DE SÓDIO E POTÁSSIO 47

3.6 ENDOCITOSE 48

3.7 EXOCITOSE 49

Capítulo 4: ORGANELAS CELULARES — 51

4.1 LISOSSOMO — 51

4.2 PEROXISSOMO — 53

4.3 RIBOSSOMO — 54

4.4 RETÍCULO ENDOPLASMÁTICO GRANULOSO — 55

4.5 RETÍCULO ENDOPLASMÁTICO NÃO GRANULOSO — 57

4.6 COMPLEXO GOLGIENSE — 58

4.7 CENTRÍOLO — 60

4.8 MITOCÔNDRIA — 61

Capítulo 5: NÚCLEO CELULAR — 63

5.1 NÚCLEO CELULAR — 63

5.2 CARIOTECA — 65

5.3 CROMATINA — 66

5.4 NUCLÉOLO E NUCLEOPLASMA — 67

5.5 CROMOSSOMOS E GENES — 68

Capítulo 6: DIVISÃO CELULAR — 71

6.1 MITOSE — 71

6.2 FASES DA MITOSE — 73

6.3 MEIOSE — 74

6.4 MEIOSE I REDUCIONAL — 76

6.5 MEIOSE II EQUACIONAL — 77

Capítulo 7: DNA E RNA — 79

7.1 ÁCIDOS NUCLEICOS — 79

7.2 DUPLICAÇÃO DO DNA — 80

7.3 TRANSCRIÇÃO — 82

7.4 TRADUÇÃO — 83

7.5 SÍNTESE PROTEICA — 84

7.6 RNA RIBOSSÔMICO 85

7.7 RNA MENSAGEIRO 86

7.8 RNA TRANSPORTADOR 87

Capítulo 8: METABOLISMO CELULAR **89**

8.1 RESPIRAÇÃO AERÓBICA 89

8.2 RESPIRAÇÃO ANAERÓBICA 91

8.3 FERMENTAÇÃO 92

8.4 RESPIRAÇÃO CELULAR 93

8.5 GLICÓLISE 94

8.6 CICLO DE KREBS 95

8.7 FOSFORILAÇÃO OXIDATIVA 97

Capítulo 9: PAREDE BACTERIANA **99**

9.1 PAREDE BACTERIANA 99

Capítulo 10: CÉLULA VEGETAL **101**

10.1 PAREDE CELULÓSICA 101

10.2 PLASTOS 102

10.3 CLOROPLASTOS 103

10.4 CROMOPLASTOS E LEUCOPLASTOS 105

10.5 FOTOSSÍNTESE 106

Capítulo 11: TECIDOS EMBRIONÁRIOS **109**

11.1 TECIDOS EMBRIONÁRIOS ANIMAIS 109

11.2 TECIDOS EMBRIONÁRIOS VEGETAIS 111

Capítulo 12: HISTOLOGIA ANIMAL **113**

12.1 TECIDO EPITELIAL 113

12.2 EPITÉLIOS DE REVESTIMENTO 114

12.3 EPITÉLIOS GLANDULARES 117

12.4 TECIDO CONJUNTIVO ... 121
12.5 TECIDO CONJUNTIVO PROPRIAMENTE DITO ... 122
12.6 EPIDERME, DERME E ANEXOS ... 125
12.7 EPIDERME ... 126
12.8 DERME ... 128
12.9 TECIDO CONJUNTIVO ÓSSEO ... 131
12.10 TECIDO CONJUNTIVO CARTILAGINOSO ... 134
12.11 TECIDO CONJUNTIVO ADIPOSO ... 137
12.12 TECIDO CONJUNTIVO SANGUÍNEO ... 140
12.13 TECIDO MUSCULAR ... 144
12.14 TECIDO NERVOSO ... 148

Capítulo 13: HISTOLOGIA VEGETAL ... **155**
13.1 TECIDOS VEGETAIS SIMPLES ... 156
13.2 TECIDOS VEGETAIS COMPLEXOS ... 157

REFERÊNCIAS ... **161**

Lista de Figuras

Figura 1 – CÉLULA PROCARIONTE 14
Figura 2 – CÉLULA EUCARIONTE 14
Figura 3 – LISOSSOMO 15
Figura 4 – RETÍCULO ENDOPLASMÁTICO GRANULOSO 15
Figura 5 – RIBOSSOMOS ADERIDOS AO RETÍCULO ENDOPLASMÁTICO GRANULOSO 16
Figura 6 – COMPLEXO GOLGIENSE 1 16
Figura 7 – COMPLEXO GOLGIENSE 2 17
Figura 8 – CENTRÍOLO 17
Figura 9 – MITOCÔNDRIA 2 18
Figura 10 – MITOSE 18
Figura 11 – MEIOSE 19
Figura 12 – TECIDO EPITELIAL DE REVESTIMENTO SIMPLES PAVIMENTOSO 19
Figura 13 – EPITÉLIO GLANDULAR (GLÂNDULA ENDÓCRINA) 20
Figura 14 – TECIDO EPITELIAL DE REVESTIMENTO ESTRATIFICADO PAVIMENTOSO QUERATINIZADO. TECIDO CONJUNTIVO FROUXO. TECIDO CONJUNTIVO DENSO NÃO MODELADO 20
Figura 15 – TECIDO CONJUNTIVO CARTILAGINOSO 21
Figura 16 – TECIDO CONJUNTIVO SANGUÍNEO 21

Figura 17 – TECIDO MUSCULAR ESTRIADO ESQUELÉTICO ... 22
Figura 18 – TECIDO NERVOSO ... 22
Figura 19 – TECIDO NERVOSO – CÉLULAS DA GLIA ... 23
Figura 20 – CÉLULA VEGETAL ... 23
Figura 21 – CLOROPLASTOS ... 24
Figura 22 – CLOROPLASTO COM *GRANUM* ... 24
Figura 23 – TECIDO EPIDÉRMICO VEGETAL ... 25
Figura 24 – TECIDOS VEGETAIS ... 25
Figura 25 – FLOEMA ... 26
Figura 26 – FLOEMA E XILEMA ... 26
Figura 27 – XILEMA ... 27
Figura 28 – MICROSCÓPIO ... 32
Figura 29 – EPITÉLIOS DE REVESTIMENTO ... 116
Figura 30 – EPITÉLIOS GLANDULARES ... 119
Figura 31 – TECIDO CONJUNTIVO PROPRIAMENTE DITO ... 124
Figura 32 – EPIDERME ... 127
Figura 33 – DERME E FOLÍCULO PILOSO ... 130
Figura 34 – TECIDO CONJUNTIVO ÓSSEO ... 133
Figura 35 – TECIDO CONJUNTIVO CARTILAGINOSO ... 135
Figura 36 – TECIDO CONJUNTIVO ADIPOSO ... 138
Figura 37 – TECIDO CONJUNTIVO SANGUÍNEO ... 142
Figura 38 – TECIDO MUSCULAR ... 147
Figura 39 – TECIDO NERVOSO ... 151
Figura 40 – TECIDOS VEGETAIS ... 158

MINIATLAS DE CITOLOGIA E HISTOLOGIA
(ANIMAL E VEGETAL)

Veja as lâminas em cores no QR code:

Figura 1 – CÉLULA PROCARIONTE

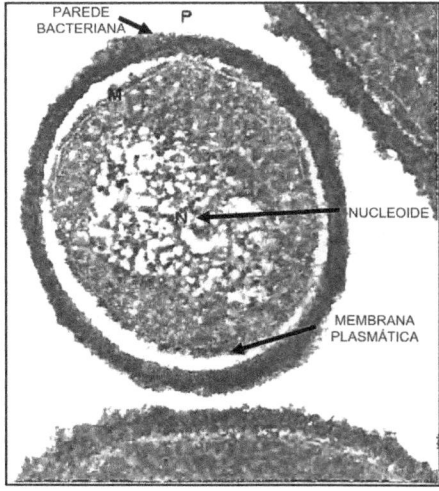

Fonte: CARNEIRO, J. JUNQUEIRA, L.C.U. *Biologia Celular e Molecular*. Rio de Janeiro: Guanabara Koogan, 9ª edição, 2012.

Figura 2 – CÉLULA EUCARIONTE
Célula eucariótica, com membrana plasmática, núcleo e organelas.

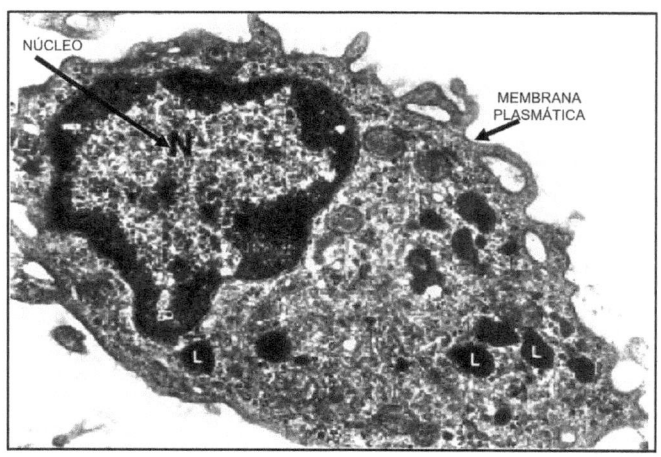

Fonte: BARBOSA, H.S.; CORTE-REAL, S. Biologia celular e ultraestrutura. *In*: MOLINARO, E.M., CAPUTO, L.F.G.; AMENDOEIRA, M.R.R. (Org.). *Conceitos e métodos para a formação de profissionais em laboratórios de saúde*: volume 2. Rio de Janeiro: EPSJV; IOC, 2010.

Figura 3 – LISOSSOMO
Lisossomos (corpos escuros).

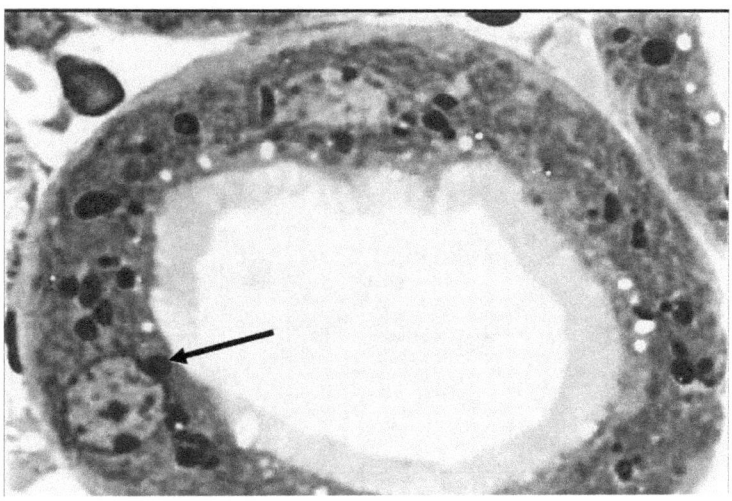

Fonte: MONTANARI, T. Atlas Digital de Biologia Celular e Tecidual. Porto Alegre: Edição da autora, 2016.

Figura 4 – RETÍCULO ENDOPLASMÁTICO GRANULOSO

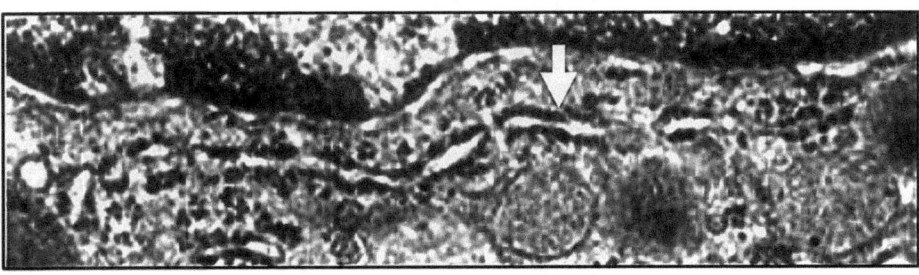

Fonte: MONTANARI, T. *Atlas Digital de Biologia Celular e Tecidual*. Porto Alegre: Edição da autora, 2016.

Figura 5 – RIBOSSOMOS ADERIDOS AO RETÍCULO ENDOPLASMÁTICO GRANULOSO

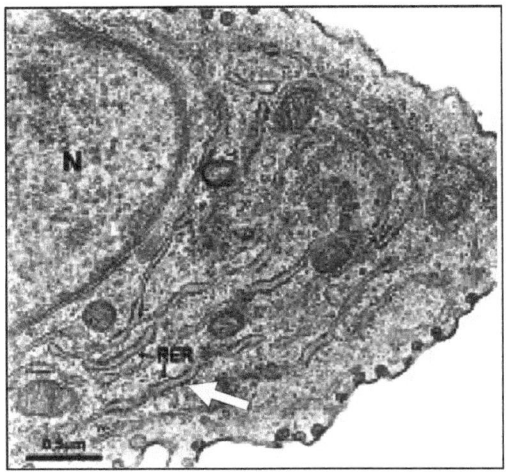

Fonte: BARBOSA, H.S.; CORTE-REAL, S. Biologia celular e ultraestrutura. In: MOLINARO, E.M., CAPUTO, L.F.G.; AMENDOEIRA, M.R.R. (Org.). *Conceitos e métodos para a formação de profissionais em laboratórios de saúde*: volume 2. Rio de Janeiro: EPSJV; IOC, 2010.

Figura 6 – COMPLEXO GOLGIENSE 1

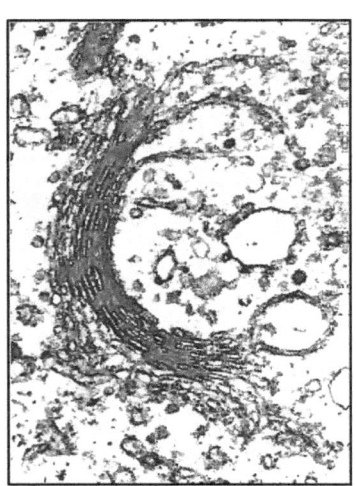

Fonte: CARNEIRO, J. JUNQUEIRA, L.C.U. *Biologia Celular e Molecular*. Rio de Janeiro: Guanabara Koogan, 9ª edição, 2012.

Figura 7 – COMPLEXO GOLGIENSE 2

Citoplasma de célula eucariótica apresentando complexo golgiense (G) com suas cisternas empilhadas e vesículas.

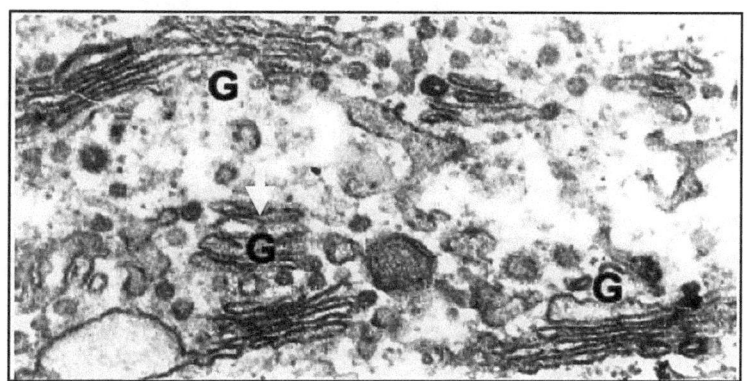

Fonte: BARBOSA, H.S.; CORTE-REAL, S. Biologia celular e ultraestrutura. *In*: MOLINARO, E.M., CAPUTO, L.F.G.; AMENDOEIRA, M.R.R. (Org.). *Conceitos e métodos para a formação de profissionais em laboratórios de saúde*: volume 2. Rio de Janeiro: EPSJV; IOC, 2010.

Figura 8 – CENTRÍOLO

Eletromicrografia de moléculas proteicas que constituem os microtúbulos.

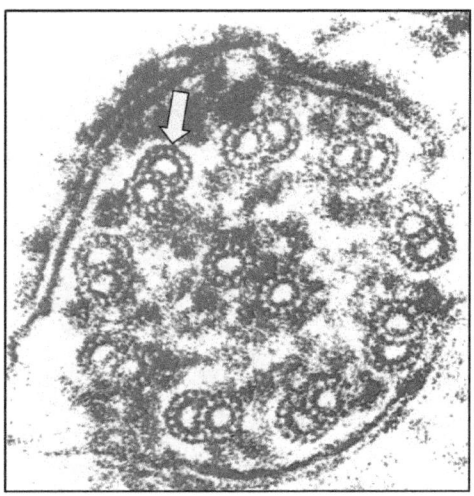

Fonte: CARNEIRO, J. JUNQUEIRA, L.C.U. *Biologia Celular e Molecular*. Rio de Janeiro: Guanabara Koogan, 9ª edição, 2012.

Figura 9 – MITOCÔNDRIA 2

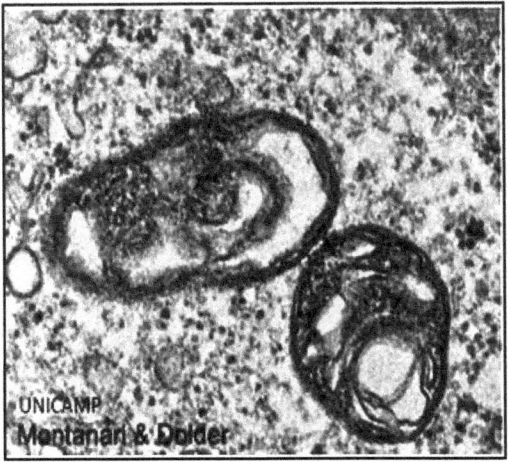

Fonte: MONTANARI, T. *Atlas Digital de Biologia Celular e Tecidual.* Porto Alegre: Edição da autora, 2016.

Figura 10 – MITOSE

Fases do ciclo e da divisão celular mitótica: interfase (1), prófase (2), anáfase (3) e telófase (4).

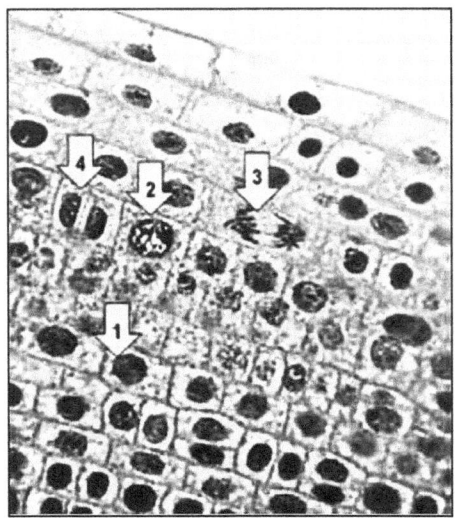

Fonte: SWARÇA, A.C. Citologia Embriologia. *In:* ARAUJO, E.J.A.; ANDRADE, F.G.; NETO, J.M. (Org.). *Atlas de microscopia para a educação básica.* Londrina: Kan, 2014.

Figura 11 – MEIOSE
Células em diversas fases da primeira divisão meiótica (setas).

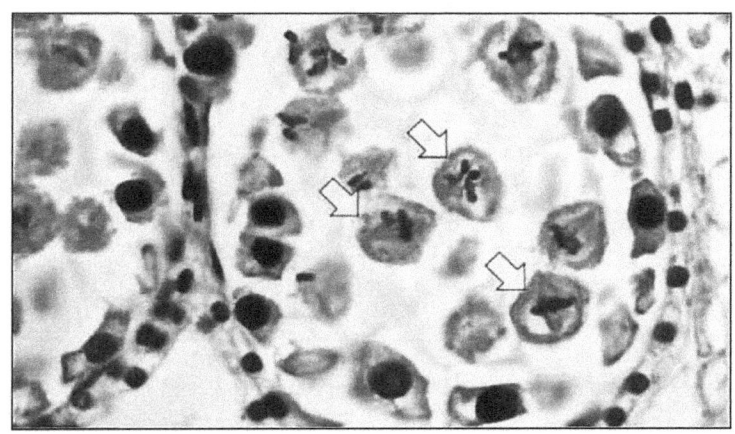

Fonte: SWARÇA, A.C. Citologia Embriologia. *In*: ARAUJO, E.J.A.; ANDRADE, F.G.; NETO, J.M. (Org.). *Atlas de microscopia para a educação básica*. Londrina: Kan, 2014.

Figura 12 – TECIDO EPITELIAL DE REVESTIMENTO SIMPLES PAVIMENTOSO
Rim.

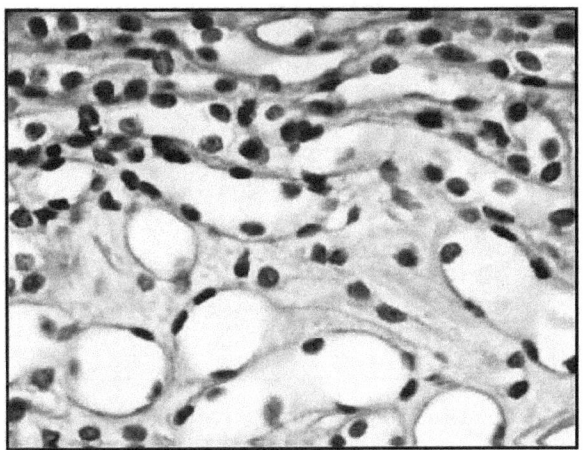

Fonte: FERRARI, O.; ANDRADE, F.G.; ALMEIDA F.C.; ANGELIM, L.G.; SILVA, M.O. Tecido epitelial de revestimento. *In*: ANDRADE, F.G., FERRARI. O.; (Org.). *Atlas digital de histologia básica*. Londrina: UEL, 2014. *E-book*.

Figura 13 – EPITÉLIO GLANDULAR (GLÂNDULA ENDÓCRINA)
Glândula tireoide.

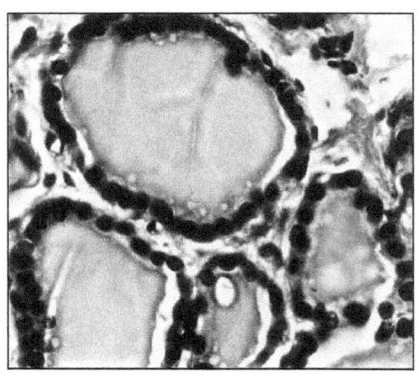

Fonte: MONTANARI, T. *Atlas Digital de Biologia Celular e Tecidual.* Porto Alegre: Edição da autora, 2016.

Figura 14 – TECIDO EPITELIAL DE REVESTIMENTO ESTRATIFICADO PAVIMENTOSO QUERATINIZADO. TECIDO CONJUNTIVO FROUXO. TECIDO CONJUNTIVO DENSO NÃO MODELADO
Pele. Tecido epitelial de revestimento estratificado pavimentoso queratinizado (TE). Tecido conjuntivo frouxo (TF). Tecido conjuntivo denso não modelado (TD).

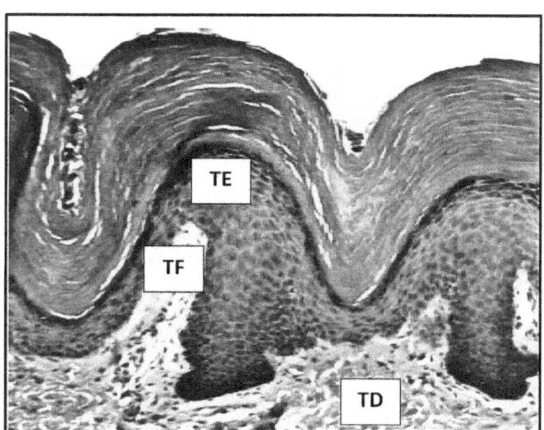

Fonte: FERRARI, O.; ANDRADE, F.G.; ALMEIDA F.C.; ANGELIM, L.G.; SILVA, M.O. Tecido epitelial de revestimento. *In*: ANDRADE, F.G., FERRARI. O.; (Org.). *Atlas digital de histologia básica.* Londrina: UEL, 2014. *E-book*.

Figura 15 – TECIDO CONJUNTIVO CARTILAGINOSO
Traqueia.

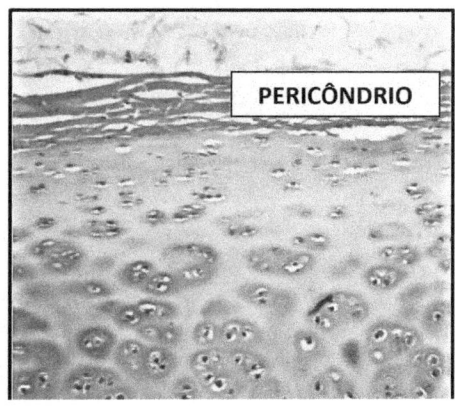

Fonte: LEVY, S.M.; FERRARI, O.; GOMEDI, C.; ARAÚJO, C.A.M.; DALLAZEN, E.; MANTOVANI, J.A.P. Tecido carilaginoso. *In*: ANDRADE, F.G., , FERRARI. O.; (Org.). *Atlas digital de histologia básica*. Londrina: UEL, 2014. *E-book*.

Figura 16 – TECIDO CONJUNTIVO SANGUÍNEO

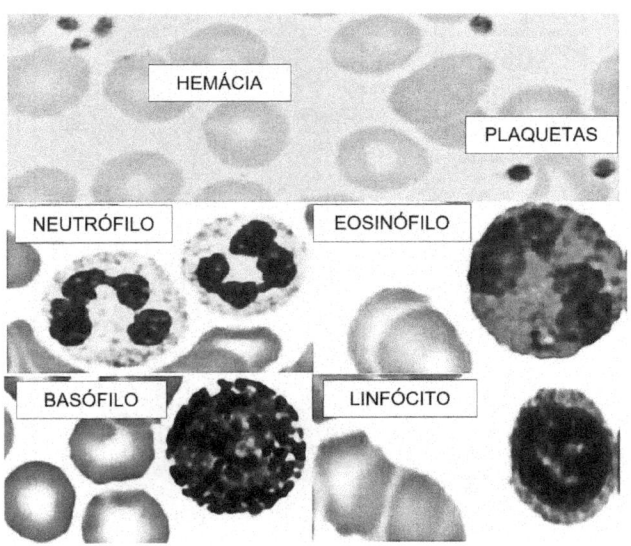

Fonte: ANDRADE, F.G.; FERRARI, O.; PAULA, K.V.A.; LIMA, V.T.; SILVA, R.B.O.L. Sangue. *In*: ANDRADE, F.G., , FERRARI. O.; (Org.). *Atlas digital de histologia básica*. Londrina: UEL, 2014. *E-book*.

Figura 17 – TECIDO MUSCULAR ESTRIADO ESQUELÉTICO

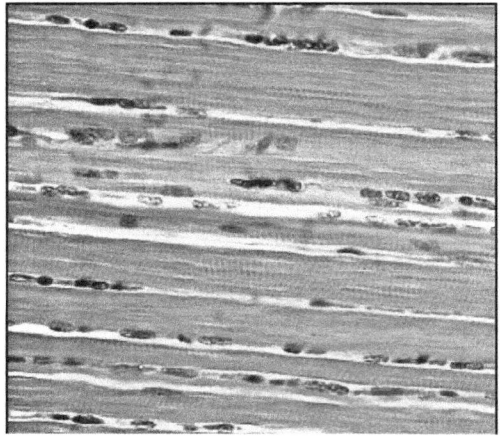

Fonte: FALLEIROS, A.M.F.; LASSANCE, F.P.; ADAMCZIK, G.C.; KUSSANO, M.S. Tecido muscular. In: ANDRADE, F.G., FERRARI. O.; (Org.). *Atlas digital de histologia básica*. Londrina: UEL, 2014. *E-book*.

Figura 18 – TECIDO NERVOSO

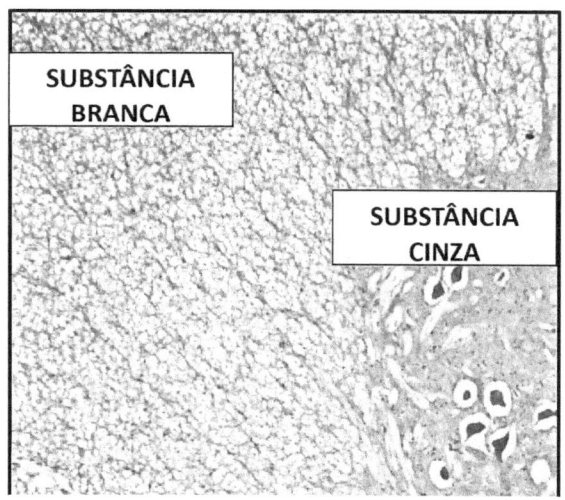

Fonte: LASSANCE, F.P.; FALLEIROS, A.M.F.; ANDRADE, F.G.; PEREIRA, E.P.; STEINLE, E.C. Tecido nervoso: neurônio e células da glia ou da neuroglia. In: ANDRADE, F.G; FERRARI. O.; (Org.). *Atlas digital de histologia básica*. Londrina: UEL, 2014. *E-book*.

Figura 19 – TECIDO NERVOSO – CÉLULAS DA GLIA
Astrócitos.

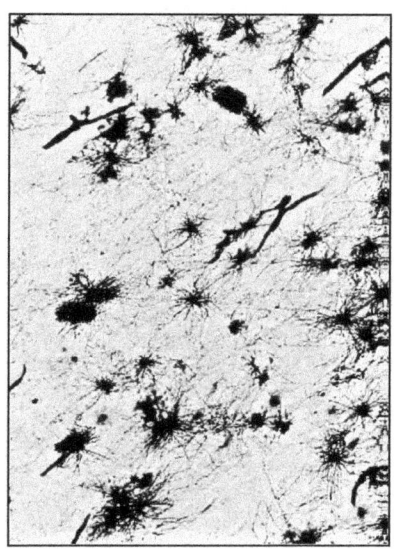

Fonte: LASSANCE, F.P.; FALLEIROS, A.M.F.; ANDRADE, F.G.; PEREIRA, E.P.; STEINLE, E.C. Tecido nervoso: neurônio e células da glia ou da neuroglia. *In*: ANDRADE, F.G.; FERRARI. O.; (Org.). *Atlas digital de histologia básica*. Londrina: UEL, 2014. *E-book*.

Figura 20 – CÉLULA VEGETAL
Cloroplastos e parede celular de *Aloe* sp.

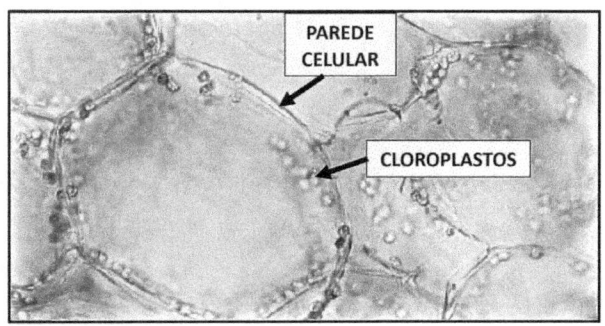

Fonte: OTEGUI, M.B.; TOTARO, M.E. *Atlas de histología vegetal*. 1ª ed. Posadas: EDUNAM - Editorial Universitaria de la Univ. Nacional de Misiones, 2007.

Figura 21 – CLOROPLASTOS

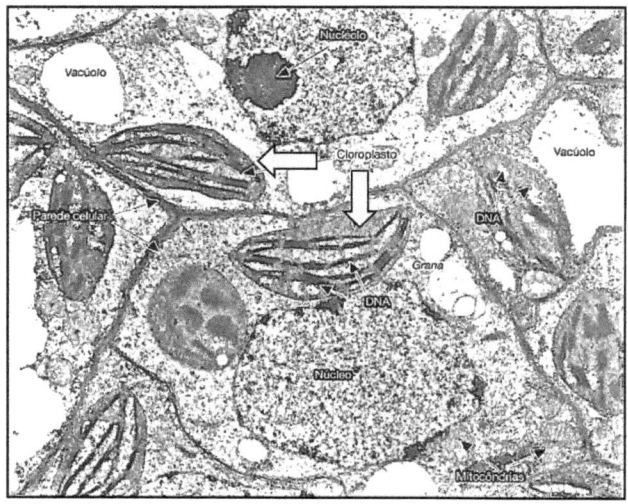

Fonte: CARNEIRO, J. JUNQUEIRA, L.C.U. *Biologia Celular e Molecular*. Rio de Janeiro: Guanabara Koogan, 9ª edição, 2012.

Figura 22 – CLOROPLASTO COM *GRANUM*

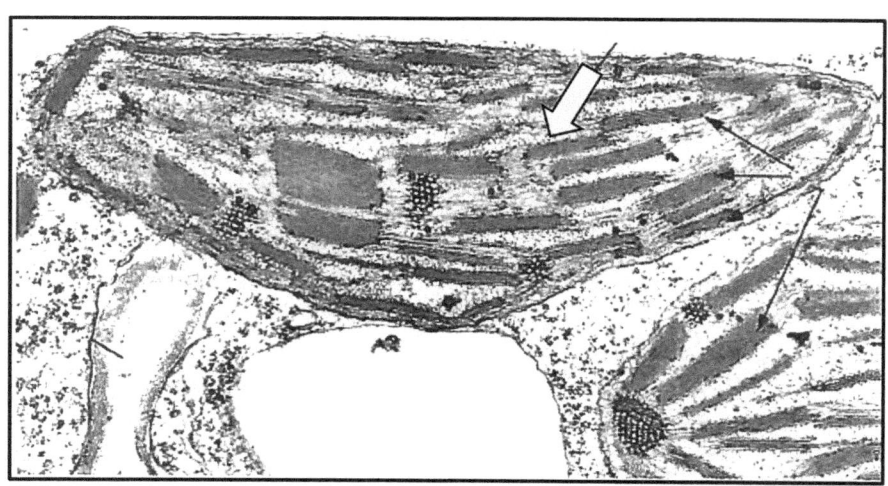

Fonte: CARNEIRO, J. JUNQUEIRA, L.C.U. *Biologia Celular e Molecular*. Rio de Janeiro: Guanabara Koogan, 9ª edição, 2012.

Figura 23 – TECIDO EPIDÉRMICO VEGETAL
Epiderme de cebola.

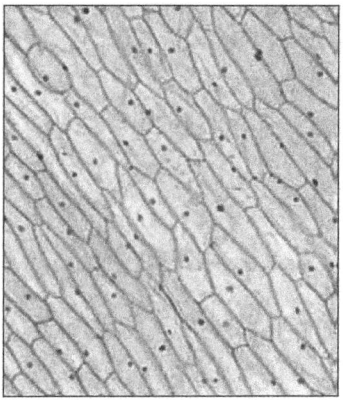

Fonte: CARVALHO, R. B. R. Botânica. In: ARAUJO, E.J.A.; ANDRADE, F.G.; NETO, J.M. (Org.). Atlas de microscopia para a educação básica. Londrina: Kan, 2014.

Figura 24 – TECIDOS VEGETAIS
Talo de *Rosa* sp. (corte transversal).

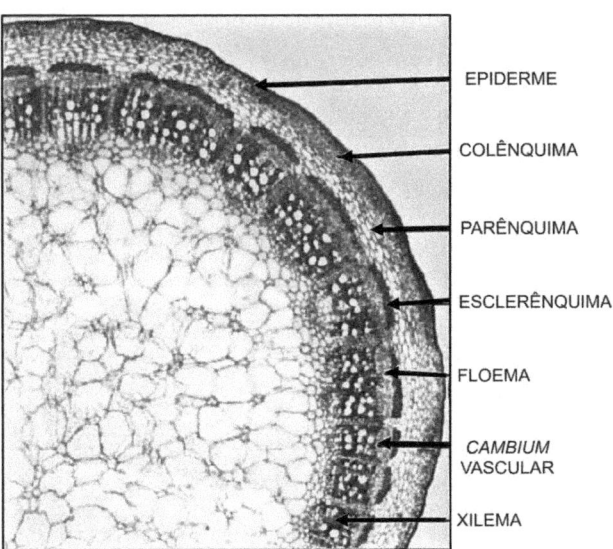

Fonte: OTEGUI, M.B.; TOTARO, M.E. *Atlas de histología vegetal*. 1ª ed. Posadas: EDUNAM, Editorial Universitaria de la Univ. Nacional de Misiones, 2007.

Figura 25 – FLOEMA
Talo de monocotiledônia (corte transversal).

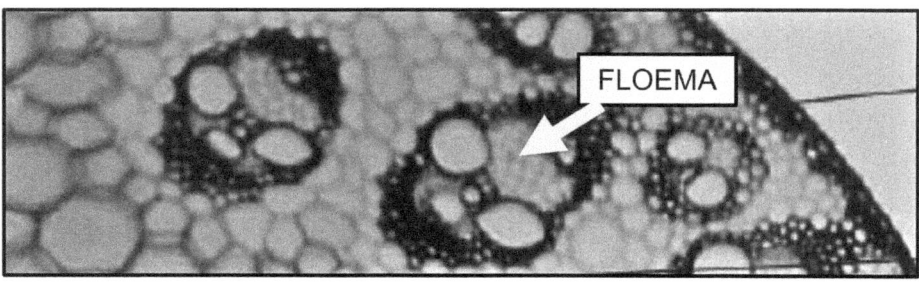

Fonte: OTEGUI, M.B.; TOTARO, M.E. *Atlas de histología vegetal*. 1ª ed. Posadas: EDUNAM - Editorial Universitaria de la Univ. Nacional de Misiones, 2007.

Figura 26 – FLOEMA E XILEMA
Talo de *Helianthus annuus* (corte transversal).

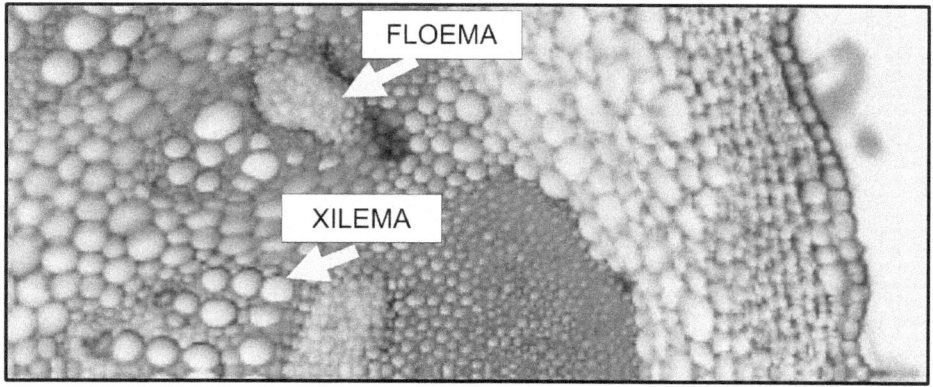

Fonte: OTEGUI, M.B.; TOTARO, M.E. *Atlas de histología vegetal*. 1ª ed. Posadas: EDUNAM – Editorial Universitaria de la Univ. Nacional de Misiones, 2007.

Figura 27 – XILEMA

Vaso do xilema de madeira de latifoliada (corte tangencial).

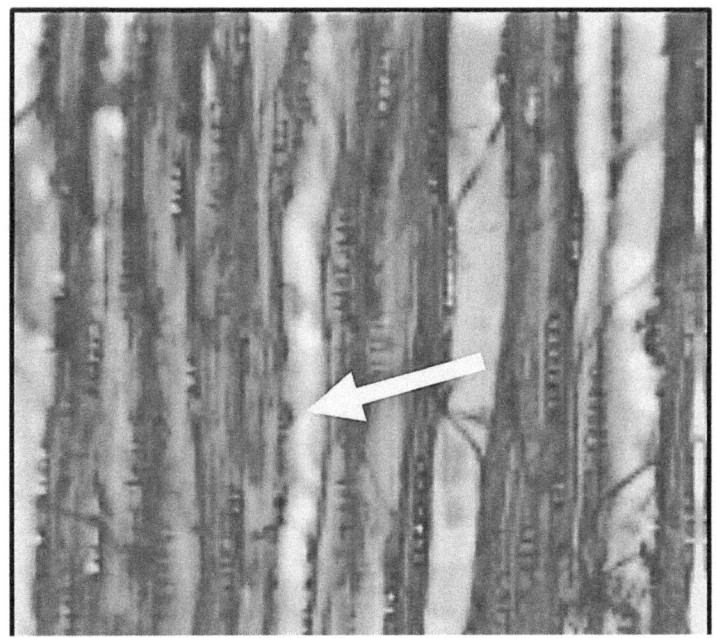

Fonte: OTEGUI, M.B.; TOTARO, M.E. *Atlas de histología vegetal*. 1ª ed. Posadas: EDUNAM – Editorial Universitaria de la Univ. Nacional de Misiones, 2007.

Capítulo 1:

UM POUCO DE HISTÓRIA

1.1 HISTÓRIA DA CITOLOGIA

Não há registros, ao certo, de quem inventou o microscópio. Sem dúvida, seu desenvolvimento foi decisivo para a descoberta das células. Acredita-se que o primeiro microscópio tenha sido desenvolvido em 1592, por Jeiniere da Cruz e seu pai, Zacharias Jansen, dois holandeses fabricantes de óculos. Sabe-se também que o cientista Galileu Galilei, em 1609, desenvolveu objetos com lentes.

O cientista inglês Robert Hooke, em 1663, com o auxílio de objeto formado por duas ou mais lentes associadas observou finas fatias de casca de árvores, e apresentou em seu livro "Micrographia" (1665) relatos de suas observações microscópicas, com a icônica ilustração da cortiça. Descreveu pequenas cavidades e deu-lhes o nome de células (do latim *"cellula"*, que significava "pequeno compartimento"). Na verdade, ele observou paredes celulares de células vegetais mortas.

Veja a famosa ilustração de Robert Hooke no vídeo sobre a história da citologia no QR code:

Por volta da mesma época, o holandês Anton van Leeuwenhoek, hábil com lentes, conseguiu aumentar a imagem dos objetos até 270 vezes. Ele observou microrganismos, como protozoários e bactérias, e espermatozoides.

Mais tarde, em 1820, o botânico escocês Robert Brown descobriu uma pequena estrutura no interior de vários tipos de células e a denominou de núcleo.

Em 1838, o botânico alemão Matthias Schleiden divulgou que a célula era a unidade básica de todas as plantas. No ano seguinte, o zoólogo alemão Theodor Schwann estendeu esse conceito para os animais. Já em 1858, o médico alemão Rudolf Virchow propôs que uma célula é capaz de se reproduzir.

Assim, ao longo do tempo, pesquisas de vários cientistas contribuíram para consolidar a teoria celular.

1.2 TEORIA CELULAR

Os três pilares da teoria celular são: todas as formas de vida são constituídas de uma ou mais células; toda célula se origina de uma célula preexistente; e a célula é a unidade morfofisiológica dos seres vivos.

Há vários propósitos para o estudo das células: fins educacionais, testes laboratoriais na área de saúde, pesquisas de doenças, medicamentos, transplantes, dentre muitas outras.

A **citologia** é um ramo da biologia que estuda a célula, a menor unidade estrutural que constitui os seres vivos, abordando os vários sistemas celulares, a forma como as células são reguladas e o funcionamento de suas estruturas.

Já a **histologia** estuda as células e sua relação com o material extracelular que constituem os tecidos do corpo.

1.3 MICROSCÓPIOS

O microscópio é o instrumento que permite ampliação de imagens não possíveis de serem vistas a olho nu. As principais unidades de medida usadas em citologia e histologia são:

Micrômetro (μm): 0,001 milímetro

Nanômetro (nm): 0,001 micrômetro

Hoje existe uma grande variedade de tipos de microscópio para diferentes tipos de aplicações.

Microscopia de luz

Também chamada de microscopia óptica, combina métodos tradicionais de formação de imagem com princípios de aumento de resolução. Permite o aumento da imagem de um objeto cerca de 1.500 vezes sem que ela perca nitidez, sendo possível observar as células e algumas de suas estruturas internas.

Quando um feixe de luz atravessa um material muito fino, é recolhido por um sistema de lentes – objetiva e ocular – que ampliam a imagem.

Por ser muito utilizado e mais acessível, a seguir, tem-se a descrição de seus componentes:

Figura 28 – MICROSCÓPIO

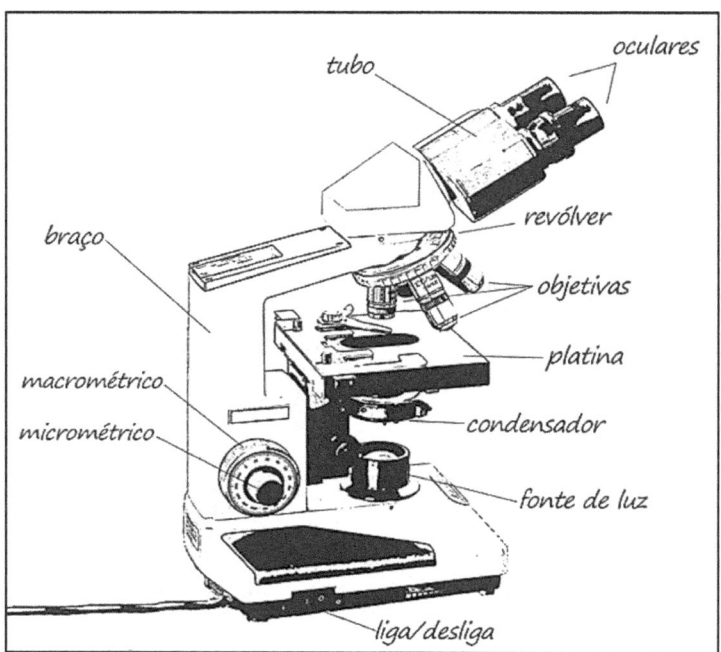

Fonte: *Experimentoteca.* Disponível em: https://experimentoteca.com.br/partes-microscopio-optico/.

Braço: também chamado de coluna, é fixo na base do microscópio e serve de suporte para as demais partes.

Charriot: peça que permite movimentar a lâmina sobre a platina. Não aparece na figura, pois geralmente localiza-se na lateral direita.

Condensador: concentra os raios luminosos que incidem sobre a lâmina.

Fonte de luz: nos microscópios modernos é uma lâmpada, mas em microscópios mais antigos era um espelho que refletia a luz.

Liga/desliga: botão para ligar e desligar a lâmpada.

Macrométrico: parafuso que permite regular a altura da platina. Faz movimentos amplos para um ajuste grosso.

Micrométrico: parafuso que permite regular a altura da platina. Permite um ajuste fino do foco.

Objetivas: geralmente três ou quatro, são lentes de maior poder de ampliação.

Oculares: dois sistemas de lentes (em microscópios mais simples há apenas um). As oculares geralmente têm poder de aumento de dez vezes e é por meio delas que observamos a imagem ampliada.

Platina: também chamada de mesa, é o suporte onde será colocada a lâmina. A platina pode ser levantada ou baixada para regular o foco, utilizando-se os parafusos macro e micrométrico.

Revólver: peça giratória que comporta as objetivas. Para trocar de objetiva, sempre manuseie o revólver, nunca force as objetivas.

Tubo: suporte das oculares. Também chamado de canhão.

Confira o vídeo sobre o microscópio óptico no QR code:

Há outros tipos de microscópios, com várias potencialidades:

- **Microscópio ultravioleta**

Utiliza a radiação ultravioleta, melhorando o limite de resolução.

- **Microscópio de fluorescência**

É realizada a fixação das amostras com substâncias fluorescentes que, ao receberem luz, podem ser observadas por meio do brilho gerado.

- Microscópio de contraste de fase

Transforma diferentes fases dos raios de luz em diferenças luminosas, permitindo a observação por meio do contraste gerado.

- Microscópio de polarização

Utilizado na observação de materiais com índices diferentes de refração como os ossos, músculos, fibras, cabelos etc.

- Microscopia eletrônica

Em 1931, os microscópios eletrônicos foram inventados por Ernst Ruska e Max Knoll, engenheiros alemães, o que permitiu a visualização das organelas celulares em grandes detalhes, ampliando consideravelmente o campo de estudo da histologia.

Os microscópios eletrônicos utilizam feixe de elétrons, para iluminar a amostra, combinado a lentes eletrostáticas e eletromagnéticas. Sua capacidade de ampliação é bem superior à dos microscópios de luz, pois possibilita ampliações de até 300 mil vezes ou mais, sem perder o poder de resolução.

- Microscópio eletrônico de varredura (MEV)

Capazes de produzir imagens em alta resolução, ampliando em até cem mil vezes objeto e permitindo imagens tridimensionais.

- Microscópio eletrônico de transmissão (MET)

Permite examinar detalhes, ampliando o objeto em até um milhão de vezes.

Com o tempo, diversas técnicas foram desenvolvidas para a melhor utilização do microscópio: corantes, fixadores, micrótomo, esfregaço.

1.4 PREPARO DE LÂMINAS HISTOLÓGICAS

Para um objeto ser observado ao microscópio, ele precisa obrigatoriamente ser fino, para que a luz o atravesse.

Nesse caso, geralmente cortam-se fatias muito finas do material a ser observado, transparentes o suficiente, com um instrumento chamado o micrótomo. Este contém uma navalha de aço que permite a obtenção de cortes de 1 a 2 μm. Porém, antes de serem cortados, as amostras de tecido precisam passar por vários tratamentos.

Fixação: são utilizados fixadores (álcool e formol, por exemplo), para conservar a célula, alterando o mínimo possível sua estrutura. Existem dois tipos de fixação: a física e a química. Na fixação química são utilizadas substâncias químicas que reagem com biomoléculas, estabilizando-as e impedindo a alteração tecidual. Exemplos: formaldeído, glutaraldeído, permanganato de potássio, metanol, etanol, acetona, ácido acético, cloreto de mercúrio.

Clivagem: objetiva reduzir as dimensões dos fragmentos dos tecidos coletados, o que facilita a penetração dos fixadores e a difusão dos reagentes durante as outras etapas do processamento.

Processamento: torna os fragmentos rígidos capazes de serem seccionados em fatias finas e delicadas, por meio da difusão de substâncias, tais como: parafina

Inclusão: os tecidos que foram infiltrados em parafina são colocados no interior de um molde que contém parafina líquida, para que sejam fatiados sem que se quebrem.

Corte (microtomia): os tecidos são seccionados em fatias bem finas e uniformes. A espessura ideal varia de acordo com o objetivo de estudo; geralmente a espessura de 4 a 6 μm. O instrumento para confeccionar cortes precisos é o micrótomo.

Coloração: as diversas estruturas celulares são quase sempre transparentes. Então, para promover contraste às estruturas a serem observadas, há vários métodos especiais de coloração. Uma técnica muito utilizada trabalha com hematoxilina (básico) e eosina (ácido) que foram ligações salinas com elementos presentes nos tecidos. Na técnica HE (hematoxilina-eosina), o corante hematoxilina cora de azul (arroxeado) todas as regiões ácidas da célula, como o núcleo. Já a eosina, corante rosa, cora a maior parte do citoplasma, que é básico. Azul de toluidina e azul de metileno também são corantes básicos. *Orange* G e fucsina são exemplos de corantes ácidos. Também é utilizada a impregnação metálica, com sais de prata e ouro.

Citoquímica e histoquímica: são métodos para localizar substâncias nos tecidos por meio de reações químicas específicas ou de interações macromoleculares de alta afinidade. Exemplo: com certas técnicas é possível localizar na amostra de tecido lipídios, ácidos nucleicos, polissacarídeos, enzimas, íons.

Capítulo 2:

PROCARIONTES E EUCARIONTES

2.1 PROCARIONTES E EUCARIONTES

> **PALAVRAS-CHAVE:** nucleoide – DNA circular – plasmídeo – unicelulares – pluricelulares – organelas membranosas

Células procariontes e eucariontes têm membrana celular, citoplasma e material genético, mas há diferença estruturais entre células elas.

Bactérias, algas azuis ou cianofíceas (cianobactérias) e micoplasmas são procariontes.

A célula procarionte é uma célula primitiva, apresenta estrutura simples, caracterizada pela ausência de núcleo. Nucleoide é a região no citoplasma onde o material genético está disperso. Sua molécula de DNA circular é chamada plasmídeo. No caso de bactérias, por exemplo, o cromossomo bacteriano contém genes codificadores de proteínas, necessários para o funcionamento da célula. Nos plasmídeos, os genes codificam proteínas relacionadas a certas funções adaptativas, como a resistência a antibióticos. Não há organelas membranosas. Eles têm ribossomos responsáveis pela síntese proteica. A respiração ocorre no citoplasma, por meio de enzimas localizadas na membrana plasmática. A reprodução ocorre por bipartição, com a divisão do DNA circular, e formação de duas células.

A célula eucarionte apresenta estrutura complexa e tem núcleo definido por uma membrana chamada carioteca. Contém muitas organelas membranosas com diferentes funções (retículo endoplasmático granuloso e não granuloso, lisossomo, complexo golgiense, mitocôndria, centríolo).

Seres eucariontes podem ser unicelulares, como protozoários, algumas algas e certos fungos. Quando pluricelulares, são animais, plantas e fungos em geral.

ASSUNTOS CORRELATOS:
Membrana Plasmática / Ribossomos / Ácidos Nucleicos / Componentes Químicos das Células

Confira o vídeo sobre células procariontes e eucariontes no QR code:

Você pode acessar a lâmina "Célula Eucarionte" no QR code:

2.2 COMPONENTES QUÍMICOS DAS CÉLULAS

> PALAVRAS-CHAVE: componentes orgânicos – componentes inorgânicos – água – sais minerais – glicídios – lipídios – proteínas – enzimas

Os componentes químicos das células são classificados como inorgânicos e orgânicos. Como inorgânicos, têm-se a água e os sais minerais. A água, vital para todos os organismos vivos, é o meio onde ocorre as reações químicas, e é o solvente universal que facilita a passagem de substâncias através da membrana plasmática. E também os sais minerais com múltiplas funções no metabolismo: sódio, cloro e potássio, que formam a pressão osmótica das células, e responsáveis pelas cargas elétricas das membranas celulares. O fósforo, na forma de fosfatos, compõe os ácidos nucleicos, formando as moléculas de ATP (trifosfato de adenosina). O cálcio ativa várias enzimas responsáveis por reações químicas nas células. Já o ferro participa do transporte de oxigênio e gás carbônico. E por fim, o magnésio é importante na composição da clorofila.

Como orgânicos, têm-se glicídios, lipídios, proteínas, enzimas e vitaminas. Os glicídios (carboidratos ou açúcares) fornecem energia para os processos celulares. Alguns têm função estrutural (como a celulose e a quitina), e outros de reserva (como glicogênio e amido). Os ácidos nucleicos são formados por carboidratos.

Os lipídios, compostos por ácidos graxos e glicerol, fazem parte das membranas celulares e armazenam energia. São os esteroides, ceras, glicerídeos, fosfolipídios, colesterol (animais), sitosterol (plantas), ergosterol (fungos).

As proteínas, formadas por aminoácidos, compõem várias estruturas celulares, transportam substâncias, controlam a permeabilidade celular. As enzimas são proteínas catalisadoras (aceleradoras) de reações químicas. E as vitaminas – hidrossolúveis ou lipossolúveis – garantem o funcionamento adequado do organismo, pois têm ações reguladoras e antioxidantes.

ASSUNTOS CORRELATOS:
Membrana Celular / Núcleo Celular / Síntese Proteica / Ácidos Nucleicos / Difusão / Osmose

Confira o vídeo sobre componentes químicos das células no QR code:

Capítulo 3:

MEMBRANA PLASMÁTICA

3.1 MEMBRANA PLASMÁTICA

PALAVRAS-CHAVE: membrana celular – fosfolipídios – permeabilidade seletiva – semipermeabilidade

As células procariontes e eucariontes são revestidas por uma fina película: a membrana plasmática ou membrana celular. Somente foi possível observá-la com o desenvolvimento dos microscópios eletrônicos. Constituída basicamente por fosfolipídios e proteínas.

Os fosfolipídios apresentam uma porção polar – hidrofílica (voltada para o exterior), e uma porção apolar – hidrofóbica (voltada para o interior). As proteínas da membrana estão incrustadas na dupla lâmina de fosfolipídios. Elas podem ser transmembranosas (quando atravessam a camada bicamada lipídica) ou periféricas (em apenas um dos lados da bicamada). Há enzimas também na membrana plasmática que catalisam as reações químicas intracelulares.

Por isso, a constituição da membrana plasmática é lipoproteica. As moléculas de fosfolipídios dispõem-se lado a lado e deslocam-se continuamente sem perder contato umas com as outras, o que confere mobilidade e elasticidade à membrana. Esse modelo que explica a membrana plasmática é chamado de Modelo do Mosaico Fluido, proposto em 1972 por Seymour Jonathan Singer e Garth L. Nicolson.

A membrana plasmática permite a passagem de certas substâncias, mas não de outras: isso é a permeabilidade seletiva ou semipermeabilidade. Essa é uma das funções da membrana plasmática, que também: garante a integridade da célula, transporta substâncias para o metabolismo celular e é munida de receptores específicos para o reconhecimento de substâncias.

ASSUNTOS CORRELATOS:
Difusão Simples / Difusão Facilitada / Osmose /
Bomba de Sódio e Potássio

Confira o vídeo sobre membrana plasmática no QR code:

Você pode acessar a lâmina "Membrana Plasmática" no QR code:

3.2 DIFUSÃO SIMPLES

> PALAVRAS-CHAVE: membrana celular – processo passivo – permeabilidade seletiva – gradiente de concentração

Difusão simples é um processo passivo, sem gasto energético, pelo qual algumas substâncias entram e saem da célula. A difusão sempre ocorre da região em que as partículas estão mais concentradas, ou seja, em maior quantidade para regiões em que sua concentração é menor.

Substâncias lipossolúveis geralmente atravessam a membrana plasmática por difusão simples, como hormônios, esteroides, colesterol, vitaminas.

Por exemplo: a entrada de oxigênio em nossas células ocorre por difusão simples. Como as células estão sempre consumindo oxigênio em sua respiração, sua concentração no interior celular é sempre mais baixa. Por outro lado, no líquido que banha as células, proveniente do sangue, a concentração de oxigênio é mais alta, pois esse gás é continuamente absorvido pelo sangue que passa pelos pulmões. Como a membrana plasmática é permeável às moléculas de oxigênio, esse gás simplesmente se difunde para dentro das células. O mesmo acontece com o gás carbônico.

Além da respiração, a difusão simples ocorre na passagem de água, oxigênio, monóxido e dióxido de carbono, glicose, eletrólitos, ureia, ácido úrico, e a maioria das drogas passam do sangue materno para a placenta por meio da difusão simples.

Quanto maior a superfície disponível e menor a espessura da membrana, maior será a velocidade de difusão. Por isso, o intestino é um excelente órgão de absorção, e os alvéolos pulmonares possibilitam trocas gasosas muito rápidas. Quanto maior o gradiente de concentração, mais rápido será o fluxo.

São órgãos especializados em difusão simples: pulmões, guelras, intestinos e sistemas circulatórios de plantas e animais.

| **ASSUNTOS CORRELATOS:**
Membrana Plasmática / Difusão Facilitada / Osmose /
Bomba de Sódio e Potássio

Confira o vídeo sobre difusão simples no QR code:

3.3 DIFUSÃO FACILITADA

> PALAVRAS-CHAVE: membrana celular – processo passivo –
> permeases – proteínas carreadoras

A difusão facilitada é um processo passivo, sem gasto energético pela célula, que ocorre através da membrana lipoproteica. As substâncias comumente transportadas por meio de difusão facilitada são aminoácidos e glicose. Algumas proteínas da membrana plasmática formam canais por meio dos quais as moléculas se deslocam, de acordo com seu gradiente de concentração. Essas proteínas são chamadas de permeases, e atuam como carreadoras de substâncias.

As permeases facilitam a entrada das substâncias nas células: ocorre a interação formando o complexo soluto-permease. As permeases apresentam sítios de ligação para o soluto a ser transportado. Após a ligação do soluto à proteína carreadora, ela sofre mudança conformacional permitindo a passagem do soluto por dentro da proteína para o outro lado da membrana. Solutos diferentes podem competir pelas mesmas permeases, e assim, a presença de um acaba dificultando a passagem do outro.

As comportas dos canais são controladas de três formas básicas: por voltagem (o aumento da voltagem abre ou fecha canais); por mediadores químicos ou por ativação mecânica (como aceleração, vibração, mudança do volume ou da forma celular).

Por exemplo: é por difusão facilitada que a glicose entra nas células. O hormônio insulina funciona como intermediador da difusão facilitada.

> **ASSUNTOS CORRELATOS:**
> Membrana Plasmática / Difusão Simples / Osmose / Bomba de Sódio e Potássio

Confira o vídeo sobre difusão facilitada no QR code:

3.4 OSMOSE

> PALAVRAS-CHAVE: membrana celular – processo passivo – aquaporinas – hipertônico – isotônico – hipotônico – pressão osmótica

Quando se comparam duas soluções quanto à concentração, a solução mais concentrada em soluto é hipertônica em relação à outra, denominada hipotônica. Quando duas soluções apresentam a mesma concentração de soluto, elas são chamadas de isotônicas.

Na osmose, que é um processo passivo, sem gasto de energia, o líquido passa da solução hipotônica para a hipertônica, e assim, o meio rico em soluto é diluído pelo solvente, e ocorre o equilíbrio entre os dois lados da membrana. A passagem de solvente de um meio para o outro é auxiliada pelas aquaporinas, que são as proteínas transportadoras na membrana.

No nosso corpo, as células são banhadas por uma solução isotônica proveniente do sangue. Por isso, nossas células não ganham nem perdem água por osmose. Se fossem expostas a um meio hipertônico, as células perderiam água para o meio e murchariam. Se expostas a um meio hipotônico, a água entraria nas células podendo até causar seu rompimento. A pressão osmótica atua evitando a osmose.

Já no caso de células vegetais, a perda de água para o meio hipertônico é chamada de plasmólise, e o rompimento devido à exposição ao meio hipotônico não ocorre, em virtude da resistência da parede celular, e a célula fica túrgida.

A osmose explica por que não devemos temperar as saladas muito antes do consumo: ao temperar a salada submete-se as células das verduras a um meio hipertônico. Assim, as células perdem água para o meio, e por osmose, a salada murcha.

ASSUNTOS CORRELATOS:
Membrana Plasmática / Difusão Simples / Difusão Facilitada / Bomba de Sódio e Potássio

Confira o vídeo sobre osmose no QR code:

3.5 BOMBA DE SÓDIO E POTÁSSIO

> PALAVRAS-CHAVE: membrana celular – processo ativo – gradiente de concentração – transmissão de impulsos elétricos

Bomba de sódio e potássio é um processo ativo que ocorre através da membrana plasmática utilizando energia do metabolismo celular. Isso porque ocorre o movimento do soluto contra o gradiente de concentração, ou seja, da solução menos concentrada (hipotônica) para a mais concentrada (hipertônica), através de proteínas carreadoras presentes na membrana plasmática.

Sódio e potássio são íons muito importantes para as células. Há maior concentração de sódio fora da célula que dentro dela. Já com os íons potássio acontece o contrário: sua concentração é maior dentro da célula do que fora. Esses íons atravessam normalmente a membrana plasmática por difusão facilitada e a tendência é que a concentração de sódio e potássio se igualem. Para cada três íons de sódio que se movem para fora, dois íons potássio se movem para dentro.

Mas é fundamental para o metabolismo manter essa diferença de concentração. Por isso, a bomba de sódio e potássio é o processo ativo que permite a manutenção da concentração diferencial desses íons.

A bomba de sódio e potássio é especialmente importante nas células nervosas e musculares, pois essa diferença de concentração de íons propicia a transmissão de impulsos elétricos, uma vez que é estabelecida a diferença de carga elétrica entre os dois lados da membrana.

É importante também para a estabilidade do volume celular e a concentração de água no meio intracelular. Alterações na membrana plasmática e nas moléculas de ATP podem causar falhas na bomba de sódio e potássio.

| **ASSUNTOS CORRELATOS:**
Membrana Plasmática / Difusão Simples / Difusão Facilitada / Osmose

Confira o vídeo sobre bomba de sódio e potássio no QR code:

3.6 ENDOCITOSE

> PALAVRAS-CHAVE: membrana plasmática – fagossomo – pinossomo – fagocitose – pinocitose – pseudópodes

As partículas que não conseguem atravessar a membrana plasmática podem ser incorporadas à célula por endocitose. Existem dois tipos de endocitose: a fagocitose e a pinocitose.

A fagocitose é um processo de ingestão de moléculas grandes, como microrganismos e restos de outras células. Ocorre na destruição das hemácias ou nas áreas necrosadas. A defesa do organismo também tem a participação da fagocitose.

Neutrófilos e macrófagos são exemplos de células de defesa que fazem fagocitose. Estão vastamente distribuídos nos tecidos conjuntivos de órgãos como fígado, baço e nódulos linfáticos. Quando algo estranho entra no organismo, ocorre uma sinalização a receptores de membrana das células de defesa que realizarão a fagocitose.

No momento da fagocitose, a membrana plasmática passa por mudanças conformacionais, emitindo projeções chamadas de pseudópodes, que englobam o material que será ingerido. Protozoários, em especial as amebas, fazem fagocitose para obtenção de alimento.

Já a pinocitose é o processo de ingestão de líquidos, e ocorre praticamente em todos os tipos celulares. Na fagocitose, o material ingerido fica dentro de uma vesícula denominada fagossomo, e haverá degradação por enzimas. E na pinocitose, o líquido ingerido fica dentro de pequenas vesículas denominadas pinossomos, e podem servir como alimento para as células.

ASSUNTOS CORRELATOS:
Membrana Plasmática / Lisossomos / Exocitose

Confira o vídeo sobre endocitose no QR code:

Você pode acessar a lâmina "Endocitose" no QR code:

3.7 EXOCITOSE

PALAVRAS-CHAVE: membrana plasmática – clasmocitose – proteínas fusogênicas – exocitose constitutiva – exocitose regulada

Certas substâncias são eliminadas da célula por um processo chamado exocitose. É por meio da exocitose que certos tipos de célula eliminam os restos da digestão intracelular. Esse tipo de exocitose é denominado clasmocitose, como se fosse a defecação celular.

Uma vesícula no citoplasma funde-se com a membrana plasmática e libera o material para fora da célula. Essa fusão ocorre por interações moleculares mediadas por proteínas fusogênicas.

A exocitose é um processo incluído nos mecanismos de defesa do organismo, afinal, substâncias estranhas detectadas são eliminadas pela fagocitose, seguida de exocitose. Essa liberação contínua de substâncias pela célula faz parte da exocitose constitutiva.

Mas a exocitose também é um processo frequente nas células com função secretora, como as do pâncreas, que secretam insulina e glucagon e hormônios lançados na corrente sanguínea que atuam no metabolismo da glicose. Neurotransmissores também são liberados das células por exocitose.

Nesses casos, a secreção ocorre a partir de estímulos específicos, como a concentração de cálcio no citoplasma, ou ações de organelas celulares. É denominada exocitose regulada, e está presente na liberação de anticorpos, enzimas, insulina, glucagon, fatores de crescimento e neurotransmissores.

ASSUNTOS CORRELATOS:
Membrana Plasmática / Lisossomos / Exocitose

Confira o vídeo sobre exocitose no QR code:

Capítulo 4:

ORGANELAS CELULARES

4.1 LISOSSOMO

> PALAVRAS-CHAVE: organela celular – digestão intracelular – hidrolases ácidas – vacúolo digestivo – vacúolo residual

Os lisossomos são organelas ricas em enzimas capazes de realizar a digestão intracelular. Essas enzimas são produzidas no retículo endoplasmático rugoso. O empacotamento dessas enzimas e a formação dos lisossomos ocorre no complexo de Golgi. Os organismos unicelulares, como os protozoários e algumas células especializadas dos animais, têm lisossomos e a capacidade de capturar e digerir pequenos fragmentos de matéria orgânica. Nos fungos e nas células vegetais não há lisossomos: a digestão é feita por enzimas digestivas do vacúolo de suco celular.

As enzimas dos lisossomos são chamadas de hidrolases ácidas, porque a digestão é uma quebra de moléculas de alimento feita com moléculas de água, e o interior do lisossomo é ácido. Os lisossomos digerem as substâncias nutritivas que são incorporadas à célula por fagocitose ou pinocitose.

Essas vesículas se unem ao lisossomo formando o vacúolo digestivo. As sobras de resíduos dessa digestão intracelular estão agora no chamado vacúolo residual, que poderá sofrer exocitose.

Os lisossomos também estão envolvidos com a remoção de organelas ou partes desgastadas da célula ou que não são mais necessárias. Esse processo é chamado de autofagia.

Em função do envelhecimento celular ou alterações morfofisiológicas, um mecanismo de morte celular programada pode ser desencadeado: é a apoptose, em que a célula se autodestrói, com a participação direta dos lisossomos.

ASSUNTOS CORRELATOS:
Endocitose / Exocitose / Retículo Endoplasmático / Complexo de Golgi

Confira o vídeo sobre lisossomos no QR code:

Você pode acessar a lâmina "Lisossomo" no QR code:

4.2 PEROXISSOMO

> PALAVRAS-CHAVE: organela celular – oxidação – peróxido de hidrogênio – catalase – glioxissomo – desintoxicação

Os peroxissomos são organelas membranosas cuja principal função é a oxidação de certas substâncias orgânicas nas células, em especial os ácidos graxos. Apesar de ser um processo benéfico para as células, ocorre a formação de peróxido de hidrogênio (água oxigenada), um subproduto muito tóxico. Por isso, sua decomposição é feita por uma enzima contida nos peroxissomos denominada catalase, originando água e oxigênio.

Os peroxissomos podem atuar também na desintoxicação do organismo em relação a certas substâncias. Os peroxissomos das células degradam o etanol, metanol, ácido fórmico, formaldeído, originando produtos menos tóxicos. No caso do fígado, os peroxissomos degradam cerca de um quarto de todo o etanol consumido. Eles também participam da síntese de fosfolipídios, de ácidos biliares e de colesterol.

Além da desintoxicação, os peroxissomos também colaboram com a respiração: com a degradação dos ácidos graxos, há a produção de Acetil-CoA (acetilcoenzima A), que nas mitocôndrias participa da síntese de ATP, por meio do ciclo de Krebs.

Nas plantas, fungos e protozoários, as organelas correspondentes aos peroxissomos são os glioxissomos. Nas células vegetais, estes atuam nas sementes em germinação: ácidos graxos são convertidos em açúcares (processo chamado ciclo do glioxilato), importantes nas primeiras etapas do desenvolvimento da planta.

| **ASSUNTOS CORRELATOS:**
Funções do Fígado / Respiração Celular / Ciclo de Krebs

Confira o vídeo sobre peroxissomo no QR code:

4.3 RIBOSSOMO

> PALAVRAS-CHAVE: síntese proteica – RNA ribossômico – RNA mensageiro – ligação peptídica – polirribossomo – polissomo

Os ribossomos são estruturas que participam do processo de síntese proteica, sendo assim, essenciais para o controle metabólico, regeneração celular e crescimento. São encontrados tanto em células procarióticas, como em eucarióticas, visíveis somente ao microscópio eletrônico.

Estão presentes no citoplasma, quando livres, e no retículo endoplasmático, nas mitocôndrias e nos cloroplastos. Quando associados ao retículo endoplasmático, formam o retículo endoplasmático rugoso (ou granuloso). São formados por partes arredondadas, com tamanhos diferentes, que se dispõe uma sobre a outra, sintetizadas pelo nucléolo. Essas estruturas são constituídas por proteínas e por RNA ribossômico (RNAr). O número de ribossomos depende da atividade celular.

Para a síntese de proteínas ocorrer, o ribossomo deve associar-se a uma molécula de RNA mensageiro (RNAm) que contém a informação genética para a síntese de determinada proteína. O ribossomo associa-se a esse RNAm e desloca-se sobre ele, traduzindo essa informação. À medida que o ribossomo se desloca, a proteína vai sendo formada: os aminoácidos são reunidos por meio de uma ligação química denominada ligação peptídica.

Polirribossomo ou polissomo é uma sequência de vários ribossomos ligados a um mesmo RNAm. Assim, são formadas várias moléculas proteicas idênticas.

As proteínas sintetizadas pelos ribossomos livres no citoplasma, serão utilizadas no próprio citoplasma. Já as produzidas no retículo endoplasmático rugoso são transportadas para fora da célula.

ASSUNTOS CORRELATOS:
Retículo Endoplasmático / Mitocôndria / Cloroplasto / DNA / RNA

Confira o vídeo sobre ribossomo no QR code:

Você pode acessar a lâmina "Polissomos" no QR code:

4.4 RETÍCULO ENDOPLASMÁTICO GRANULOSO

PALAVRAS-CHAVE: ribossomos – transcrição de DNA – síntese proteica – enzimas – fosfolipídios – glicosilação

O retículo é uma estrutura membranosa composta de sacos achatados localizados no citosol da célula.

O retículo endoplasmático granuloso está localizado próximo ao núcleo, sendo sua membrana uma continuação da nuclear externa. Apresenta ribossomos aderidos à superfície. Estes ribossomos atuam na produção de certas proteínas celulares como, por exemplo, as proteínas que compõe as membranas celulares. Por isso, sua proximidade com o núcleo: o retículo endoplasmático rugoso comunica-se rapidamente com o núcleo, para que o processo de transcrição do DNA seja iniciado. Daí os ribossomos sintetizam proteínas que são lançadas no interior do retículo, e posteriormente serão enviadas para outras partes das células ou para fora delas.

O retículo endoplasmático granuloso também é responsável pela produção das enzimas lisosômicas que fazem a digestão intracelular. As enzimas que digerem os alimentos são produzidas no retículo endoplasmático granuloso das células glandulares e eliminadas no tubo digestório onde atuam.

Parte das proteínas é transportada para o complexo de Golgi, sofrendo modificações e sendo empacotada em vesículas.

Outros processos com a participação do retículo endoplasmático rugoso: produção de fosfolipídios, síntese de proteínas de membrana, glicosilação (adição de açucares a proteínas), montagem de moléculas proteicas formadas por várias cadeias polipeptídicas.

ASSUNTOS CORRELATOS:
Ribossomo / Transcrição / Síntese Proteica / Retículo Endoplasmático Não Granuloso / Núcleo Celular

Confira o vídeo sobre retículo endoplasmático granuloso no QR code:

Você pode acessar a lâmina "Retículo Endoplasmático Granuloso" no QR code:

4.5 RETÍCULO ENDOPLASMÁTICO NÃO GRANULOSO

> **PALAVRAS-CHAVE:** ácidos graxos – fosfolipídios – esteroides – hidrólise de glicogênio – íons de cálcio – retículo sarcoplasmático

O retículo endoplasmático não granuloso está em continuidade com o retículo endoplasmático granuloso. Nele não há ribossomos aderidos às membranas. É responsável pela síntese de ácidos graxos, de fosfolipídios e de esteroides, que ocorrem no interior de suas bolsas membranosas.

As células do fígado, por exemplo, têm retículo endoplasmático não granuloso abundante, uma vez que são capazes de alterar e inativar substâncias tóxicas, facilitando sua eliminação do corpo.

Outro exemplo são as células das gônadas que produzem os hormônios sexuais: estes hormônios esteroides são sintetizados nos retículos endoplasmáticos não granulosos dessas células.

Participa também do metabolismo dos carboidratos, sendo essencial na formação de glicose por meio da hidrólise de glicogênio.

Também armazena íons de cálcio, importante para a contração muscular. O retículo encontrado nas células musculares estriadas é denominado retículo sarcoplasmático.

ASSUNTOS CORRELATOS:

Retículo Endoplasmático Não Granuloso / Núcleo Celular / Ribossomo / Transcrição / Síntese Proteica

Confira o vídeo sobre retículo endoplasmático não granuloso no QR code:

Você pode acessar a lâmina "Retículo Endoplasmático Não Granuloso" no QR code:

4.6 COMPLEXO GOLGIENSE

> PALAVRAS-CHAVE: face cis – face trans – glicosilação – síntese de carboidratos – secreção celular – empacotamento

O complexo golgiense é constituído por bolsas membranosas achatadas e empilhadas. É uma estrutura polarizada, apresentando duas faces: face cis (superfície convexa responsável por receber as vesículas provenientes do retículo endoplasmático, que se fundem nessa face liberando seu conteúdo); e face trans (superfície côncava que gera vesículas que irão para outras partes da célula).

No complexo golgiense certas proteínas e lipídios produzidos no retículo endoplasmático são quimicamente modificados pela adição de glicídios, processo denominado glicosilação.

É também no complexo golgiense que ocorre a síntese de determinados carboidratos. Há mais uma função: é responsável pela secreção celular.

As proteínas que atuam no ambiente externo à célula são empacotadas no interior do complexo golgiense, para serem enviadas aos locais extracelulares em que atuarão. Exemplos: enzimas digestivas, substâncias mucosas, como as produzidas pelas vias respiratórias e pelas células caliciformes localizadas no intestino.

O complexo golgiense tem papel na formação dos espermatozoides dos animais: origina o acrossomo, uma grande vesícula repleta de enzimas digestivas na ponta da cabeça do espermatozoide, que tem por função perfurar as membranas do gameta feminino na fecundação.

Em resumo: o complexo golgiense relaciona-se à produção, processamento, empacotamento e endereçamento de várias substâncias dentro da célula.

ASSUNTOS CORRELATOS:
Retículo Endoplasmático Granuloso / Síntese Proteica Retículo Endoplasmático Não Granuloso

Confira o vídeo sobre complexo golgiense no QR code:

Você pode acessar a lâmina "Complexo Golgiense" no QR code:

4.7 CENTRÍOLO

> PALAVRAS-CHAVE: microtúbulos – proteínas adesivas – divisão celular – fuso mitótico – cílios – flagelos

Centríolo é um pequeno cilindro oco, constituído por nove conjuntos de três microtúbulos unidos por proteínas adesivas. Estão dispostos aos pares e localizam-se em uma região da célula denominada centro celular, próxima ao núcleo. A maioria das células eucarióticas, com exceção dos fungos e plantas superiores (gimnospermas e angiospermas), apresenta um par de centríolos orientados perpendicularmente um ao outro. Os centríolos são organelas não envolvidas por membrana, e participam do processo de divisão celular.

Pouco antes de uma célula animal iniciar seu processo de divisão, os centríolos se autoduplicam e seguem para os polos opostos da célula. Participam da organização do fuso mitótico (estrutura envolvida na meiose e mitose), emitindo projeções em formação de feixes filamentosos que se unem à região do centrômero dos cromossomos e realizam a separação dos cromossomos homólogos ou das cromátides irmãs.

Os centríolos também atuam na formação de cílios e flagelos, estruturas envolvidas com a locomoção e o revestimento de células especializadas. O arranjo dos cílios e dos flagelos requer um par de microtúbulos centrais, aumentando a resistência do anexo locomotor.

ASSUNTOS CORRELATOS:
Mitose / Fases da Mitose / Meiose Reducional Meiose Equacional / Procariontes e Eucariontes

Confira o vídeo sobre centríolo no QR code:

Você pode acessar a lâmina "Centríolo" no QR code:

4.8 MITOCÔNDRIA

> PALAVRAS-CHAVE: células eucarióticas – deporinas – cristas mitocondriais – enzimas respiratórias – produção de energia – DNA circular

As mitocôndrias estão presentes apenas em células eucarióticas. São organelas complexas, delimitadas por duas membranas lipoproteicas. A externa é mais lisa, composta de lipídios e proteínas chamadas deporinas, que controlam a entrada de moléculas, inclusive moléculas grandes. A membrana interna é menos permeável e apresenta dobras, chamadas cristas mitocondriais, que se projetam para o interior. Este é preenchido por um líquido viscoso, a matriz mitocondrial, que contém diversas enzimas, DNA, RNA e ribossomos. Estes ribossomos são diferentes daqueles encontrados no citoplasma celular (semelhantes aos das bactérias). Na matriz mitocondrial estão as enzimas respiratórias que participam do processo de produção de energia. As mitocôndrias contêm o seu próximo material genético: moléculas circulares de DNA.

Nas mitocôndrias ocorre a respiração aeróbica, com a produção da maior parte da energia das células.

A quantidade e a distribuição de mitocôndrias variam com o tipo de célula. Mitocôndrias surgem exclusivamente por autoduplicação de mitocôndrias preexistentes. Quando a célula se divide, cada célula recebe metade do número de mitocôndrias. Nessas células, as mitocôndrias de autoduplicam, reestabelecendo o número original.

Em animais com reprodução sexuada, as mitocôndrias têm sempre origem materna. Nos gametas masculinos as mitocôndrias se degeneram logo após a fecundação.

ASSUNTOS CORRELATOS:
Respiração Aeróbica / Respiração Celular / Glicólise

Confira o vídeo sobre mitocôndria no QR code:

Você pode acessar a lâmina "Mitocôndria" no QR code:

Capítulo 5:

NÚCLEO CELULAR

5.1 NÚCLEO CELULAR

> PALAVRAS-CHAVE: centro de controle – anucleada – uninucleada – binucleada – multinucleada – sincício – plasmódio

O núcleo celular é uma estrutura geralmente esférica presente em todas as células eucarióticas, mas seu formato pode variar de acordo com cada célula. É o centro de controle das atividades celulares, coordenando reações e funções celulares, participando dos mecanismos hereditários, uma vez que contém todas as informações sobre as características das espécies. Em seu interior estão os cromossomos que contém os genes.

A maioria das células eucarióticas tem apenas um núcleo, mas há exceções: protozoários ciliados tem 2 núcleos (binucleada) – um pequeno, chamado micronúcleo, e um grande, o macronúcleo. Fibras musculares esqueléticas são multinucleadas. Nas células multinucleadas pode ocorrer o sincício (fusão de células que perdem parte de sua membrana e forma uma única massa citoplasmática multinucleada) ou o plasmódio (massa formada por muitas células que mantém seus núcleos). Há ainda células que perdem o núcleo durante sua especialização e tornam-se anucleadas, como é o caso dos glóbulos vermelhos (hemácias) do nosso sangue.

O envelope nuclear é a carioteca nas células eucariontes. Já nas procariontes, o material genético está mergulhado diretamente no citoplasma. O núcleo celular apresenta como componentes fundamentais: a carioteca, a cromatina, o nucléolo e o nucleoplasma. Durante o processo de divisão celular, o núcleo desaparece temporariamente. O núcleo celular é uma região de intensa atividade, como síntese proteica e duplicação do DNA.

ASSUNTOS CORRELATOS:
Genes / Cromossomos / DNA / Carioteca / Cromatina / Nucléolo / Síntese Proteica / Mitose / Meiose

Confira o vídeo sobre núcleo celular no QR code:

Você pode acessar a lâmina "Núcleo, Nucléolo e Cromatina" no QR code:

5.2 CARIOTECA

> PALAVRAS-CHAVE: envelope nuclear – barreira lipoproteica – difusão – poros – divisão celular

O núcleo celular é delimitado pela carioteca, também chamada de membrana nuclear, presente apenas nas células eucariontes. A carioteca é uma estrutura complexa, constituída por duas membranas lipoproteicas justapostas. Permite que o conteúdo nuclear seja quimicamente diferenciado do citosol. A camada externa da carioteca adere-se ao retículo endoplasmático.

Em determinados pontos da carioteca, as duas membranas fundem-se formando poros, por meio dos quais ocorre troca de substâncias entre o núcleo e o citoplasma. Apenas pequenas moléculas, como íons, água e nucleotídeos têm passagem livre por difusão através dela. Outros tipos, como proteínas e RNA só podem entrar ou sair do núcleo passando pelos poros. Esse controle de tráfego de substâncias entre citosol e núcleo tem papel fundamental na fisiologia de todas as células eucarióticas.

A carioteca age como uma barreira que separa componentes do núcleo e do citosol, participa do processo de divisão celular, da organização da cromatina e da proteção contra o envelhecimento celular.

ASSUNTOS CORRELATOS:
DNA / Cromatina / Núcleo Celular / Nucléolo / Retículo Endoplasmático / Mitose / Meiose

Confira o vídeo sobre carioteca no QR code:

Você pode acessar a lâmina "Carioteca" no QR code:

5.3 CROMATINA

> PALAVRAS-CHAVE: filamentos de DNA – histonas – heterocromatina – eucromatina

A cromatina corresponde a filamentos longos e finos de DNA associados a proteínas (histonas), numa fase em que a célula não se encontra em divisão (interfase). Sua função primária é a embalagem de moléculas de DNA longas em estruturas mais compactadas.

Com determinados corantes e sob o microscópio, o núcleo cora-se intensamente em certas partes: é a heterocromatina. A heterocromatina (ou cromatina condensada) corresponde às regiões dos cromossomos que se mantêm permanentemente condensadas, mesmo quando a célula não está se dividindo. Seu DNA é metabolicamente inerte, isto é, transcricionalmente inativo.

Os genes ativos da célula localizam-se na eucromatina, ou cromatina frouxa. A eucromatina representa áreas onde estão ocorrendo expressão gênica. Os filamentos de cromatina intercalam pontos de heterocromatina com pontos de eucromatina, o que é muito dinâmico, pois está diretamente relacionado ao desenvolvimento celular.

Os principais componentes proteicos da cromatina, como já dito, são as histonas, que se ligam ao DNA e funcionam como âncoras.

ASSUNTOS CORRELATOS:
DNA / Núcleo Celular / Nucléolo / Cromossomos / Genes / Expressão Gênica

Confira o vídeo sobre cromatina no QR code:

5.4 NUCLÉOLO E NUCLEOPLASMA

> **PALAVRAS-CHAVE:** região organizadora do nucléolo – matriz nuclear – RNA ribossômico – ribossomos

Nucléolo e nucleoplasma são massas densas presentes no núcleo celular. São constituídos principalmente por um tipo especial de RNA que compõe os ribossomos – o RNAr (RNA ribossômico). Inclusive, é no nucléolo que são fabricadas as moléculas de RNAr que se associam a proteínas para formar as subunidades que compõe os ribossomos.

Essas subunidades ribossômicas permanecem armazenadas no nucléolo e migram para o citoplasma no momento de realização da síntese proteica. Os genes responsáveis pela produção desse RNA estão contidos em uma região especial de um ou mais cromossomos, denominada região organizadora do nucléolo.

Certas células têm dois ou mais nucléolos, sendo este número relacionado com o tipo de célula e seu estágio reprodutivo.

Nucleoplasma (ou carioplasma) é a solução aquosa, com propriedades semelhantes ao citoplasma, que envolve a cromatina e os nucléolos, na qual estão presentes diversos tipos de íons, moléculas de ATP, nucleotídeos e diversos tipos de enzimas. Dentro do nucleoplasma há também uma rede de proteínas responsável pela organização da cromatina e outros componentes do núcleo, denominada matriz nuclear. Uma série de reações ocorrem no nucleoplasma, que são essenciais para o bom funcionamento do núcleo. Protege as estruturas imersas nele, além de fornecer um meio de transporte de substâncias.

ASSUNTOS CORRELATOS:
DNA / RNA / Núcleo Celular / Carioteca / Cromatina / Síntese Proteica

Confira o vídeo sobre nucléolo e nucleoplasma no QR code:

5.5 CROMOSSOMOS E GENES

PALAVRAS-CHAVE: região organizadora do nucléolo – matriz nuclear – RNA ribossômico – ribossomos

Os genes são definidos como sequências de DNA nas quais estão presentes todas as informações genéticas dos indivíduos, transmitidas entre as gerações (hereditariedade). Os genes contêm o código usado para sintetizar uma proteína. Variam de tamanho, dependendo dos tamanhos das proteínas por eles codificadas. O genoma é o conjunto de todos os genes do organismo.

Os genes estão dentro dos cromossomos. Os cromossomos estão presentes no núcleo das células eucarióticas e a sua quantidade varia em cada espécie. Os cromossomos correspondem a sequências de genes, contendo muitos genes (de centenas a milhares).

Os genes são ordenados nos cromossomos em uma sequência específica; e cada gene tem uma localização específica (lócus do gene). Os cromossomos aparecem em diferentes estados de condensação durante a vida celular. Quanto mais condensados, mais visíveis ao microscópio. Eles atingem o maior nível de condensação durante o processo de divisão celular. Cada organismo tem um número diferente de cromossomos. O ser humano, por exemplo, tem 46, dispostos em pares, ou seja, 23 pares de cromossomos. Os cromossomos de um determinado par são denominados de homólogos.

A síntese proteica é controlada pelos genes que são encontrados nos cromossomos.

ASSUNTOS CORRELATOS:
DNA / RNA / Núcleo Celular / Carioteca / Cromatina / Síntese Proteica

Confira o vídeo sobre cromossomos e genes no QR code:

Capítulo 6:

DIVISÃO CELULAR

6.1 MITOSE

> **PALAVRAS-CHAVE:** divisão celular – células-filhas – células somáticas – crescimento – regeneração – células cancerígenas

A mitose é um processo de divisão celular em que uma célula inicial origina duas células-filhas idênticas, com o mesmo número de cromossomos. Por isso, essa divisão celular é equitativa. Esse processo é contínuo nas células somáticas, sendo importante no crescimento dos organismos pluricelulares e na regeneração dos tecidos do corpo.

O processo de divisão celular na mitose ocorre em cinco fases principais: interfase, prófase, metáfase, anáfase e telófase.

A mitose em vegetais apresenta certas diferenças em relação à mitose em animais. Por exemplo, as células vegetais não dispõem de centríolos. A citocinese nas células vegetais tem característica centrífuga, e ocorre com a participação do complexo golgiense que libera bolsas que se fundem, formando a lamela média.

Exemplos de locais nos quais a mitose é intensa: formação de um novo ser no útero materno durante o desenvolvimento embrionário; crescimento e regeneração de tecidos; medula óssea com a reposição de hemácias, que são células que duram cerca de 120 dias.

A mitose leva cerca de 24 horas, das quais 90% desse tempo acontece a intérfase, período em que ocorre a duplicação dos cromossomos. Nos 10% restantes desse tempo acontece a divisão celular propriamente dita.

A mitose também é o mecanismo pelo qual as células cancerígenas se multiplicam: uma célula cancerosa origina células cancerosas idênticas e assim por diante. Enquanto as células saudáveis param de se reproduzir depois de um certo ponto, as células cancerígenas continuam de forma indefinida. Assim, as células cancerígenas acabam se propagando com mais velocidade no organismo.

ASSUNTOS CORRELATOS:
Fases da Mitose / Meiose / Meiose I Reducional / Meiose II Equacional / Cromossomos e Genes

Confira o vídeo sobre mitose no QR code:

6.2 FASES DA MITOSE

> PALAVRAS-CHAVE: intérfase – etapa G1 – etapa S – etapa G2 – pontos de controle – condensação dos cromossomos – fuso mitótico

A intérfase é a fase em que a célula ainda não está se dividindo, e tem três etapas:

- G1: a célula cresce e ocorre síntese de RNA que produzirá proteínas que sinalizarão o início da divisão celular;
- S: duplicação do DNA e duplicação dos centríolos;
- G2: síntese de proteínas e de moléculas relacionadas à divisão celular.

Nessa etapa, um grupo de enzimas verifica as condições da célula que entrará em divisão: são os pontos de controle (se a célula atingiu o tamanho ideal, se o DNA apresenta danificações). Caso algum problema seja detectado, o ciclo celular é interrompido, ou até a morte da célula é programada (apoptose).

A prófase inicia-se com a condensação dos cromossomos. Os filamentos duplicados são unidos ao centrômero, e cada filamento recebe o nome de cromátide. Os centríolos duplicados migram para os polos da célula e em conjunto com as fibras formam o áster. A partir da região em que os centríolos estão localizados (centrossomo) será formado o fuso mitótico. Os nucléolos desaparecem e a carioteca é fragmentada. O fuso mitótico leva os cromossomos para a região mediana da célula. Na metáfase, quando os cromossomos estão no plano equatorial da célula, ocorre o grau máximo de condensação dos cromossomos. As cromátides se voltam para cada um dos polos da célula. Na anáfase, as cromátides se separam e são puxadas para os polos opostos da célula, com o encurtamento das fibras do fuso mitótico. Na telófase, os cromossomos se descondensam, e dá-se a formação de novos envelopes nucleares, reconstituindo dois novos núcleos. Daí ocorre a citocinese, em que o citoplasma se divide e forma, enfim, duas células-filhas.

ASSUNTOS CORRELATOS:

Mitose / Meiose / Meiose I Reducional / Meiose II Equacional / Cromossomos e Genes

Confira o vídeo sobre fases da mitose no QR code:

Você pode acessar a lâmina no QR code:

6.3 MEIOSE

> PALAVRAS-CHAVE: DNA – RNA – cromossomos – genes – códon – aminoácido – bases nitrogenadas

A meiose é o processo de divisão celular em que uma célula-mãe diploide (2n) dá origem a quatro células-filhas haploides (n).

A meiose gamética ocorre durante a produção de gametas, que são células haploides. Acontece nos animais.

A meiose zigótica ocorre após a formação do zigoto, formado pela união dos gametas. Acontece na maioria dos fungos.

A meiose espórica ocorre para a formação de esporos. Acontece nas plantas, por exemplo.

Tem-se a meiose I (reducional), com a redução pela metade do número de cromossomos. E a meiose II (equacional), em que o número de cromossomos das células é igual nas células que se formam.

A meiose é de suma importância para plantas e animais, pois relaciona-se à produção de gametas (nos animais) ou de esporos (nas plantas). Com a redução do número de cromossomos pela metade, a meiose garante, após a fecundação, o restabelecimento do número de cromossomos de uma espécie. Dessa forma, a meiose possibilita a variabilidade genética.

No ser humano, o processo de meiose acontece no corpo humano apenas para formar espermatozoides e óvulos. Estas células estão envolvidas com a reprodução sexuada, sendo que cada uma delas, produzidas por indivíduos de sexos diferentes, carregam em seu material genético as informações do pai ou da mãe para a união com o gameta do sexo oposto e formação da célula-ovo. Por meio dessa união (fecundação) ocorre a formação do patrimônio genético do indivíduo gerado.

ASSUNTOS CORRELATOS:
Mitose / Fases da Mitose / Meiose I Reducional / Meiose II Equacional / Cromossomos e Genes

Confira o vídeo sobre meiose no QR code:

6.4 MEIOSE I REDUCIONAL

> PALAVRAS-CHAVE: DNA – RNA – cromossomos – genes – códon – aminoácido – bases nitrogenadas

A meiose I é dividida em prófase I, metáfase I, anáfase I e telófase I. A prófase I é uma fase muito complexa, subdividida em 5 fases:

- leptóteno: cromossomos já duplicados condensam-se;
- zigóteno: os cromossomos homólogos se emparelham;
- paquíteno: os cromossomos homólogos trocam pedaços – crossing-over (ou permutação);
- diplóteno: os cromossomos homólogos se separam;
- diacinese: os cromossomos homólogos se separam definitivamente, o envelope nuclear se desintegra e os cromossomos homólogos espalham-se no citoplasma.

Na metáfase I, os cromossomos homólogos prendem-se às fibras do fuso mitótico. Essas fibras se encurtam e fazem com que os cromossomos homólogos sejam puxados para cada lado da célula.

Na anáfase I, os cromossomos são puxados e dispõe-se em cada um dos polos da célula.

Na telófase I, os cromossomos já separados nos polos opostos começam a se descondensar. O fuso mitótico é desfeito e os nucléolos reaparecem.

Cada novo núcleo tem metade do número de cromossomos da célula-mãe: isso caracteriza essa meiose I como uma divisão reducional.

Assim, duas células-filhas são formadas com a divisão do citoplasma na citocinese, para o início da meiose II.

De grande importância, a meiose I aumenta a variabilidade genética.

| **ASSUNTOS CORRELATOS:**

Mitose / Fases da Mitose / Meiose I Reducional / Meiose II Equacional / Cromossomos e Genes

Confira o vídeo sobre meiose I reducional no QR code:

Você pode acessar a lâmina no QR code:

6.5 MEIOSE II EQUACIONAL

> PALAVRAS-CHAVE: DNA – RNA – cromossomos – genes – códon – aminoácido – bases nitrogenadas

A meiose II é a segunda divisão da meiose e tem caráter equacional, pois o número de cromossomos permanece igual. Não há nenhuma duplicação do material genético entre a meiose I e a meiose II. É subdividida em: prófase II, metáfase II, anáfase II e telófase II.

As duas células-filhas formadas na meiose I entram na etapa de prófase II, em que ocorre a condensação dos cromossomos e o desaparecimento dos nucléolos.

Na metáfase II, os cromossomos já ligados às fibras do fuso mitótico alinham-se no plano equatorial da célula.

Na anáfase II as cromátides-irmãs são puxadas para os polos da célula.

Na telófase II os cromossomos se descondensam, os nucléolos reaparecem com a reorganização dos envelopes nucleares, e a citocinese ocorre.

Ao final da meiose, passando pela meiose I e II, tem-se como resultado final quatro células-filhas com a metade do conteúdo genético da célula-mãe. A principal consequência da meiose é a diversidade entre os indivíduos por meio da reprodução sexuada da espécie.

ASSUNTOS CORRELATOS:
Mitose / Fases da Mitose / Meiose I Reducional / Meiose II Equacional / Cromossomos e Genes

Confira o vídeo sobre meiose II equacional no QR code:

Capítulo 7:

DNA E RNA

7.1 ÁCIDOS NUCLEICOS

> **PALAVRAS-CHAVE:** nucleotídeo – pentose – desoxirribose – ribose – fosfato – base nitrogenada – pirimidina – purina

Os ácidos nucleicos estão presentes nos núcleos das células e têm caráter ácido. Incluem o DNA (ácido desoxirribonucleico) e RNA (ácido ribonucleico), e são constituídos por nucleotídeos. Cada nucleotídeo é composto por três componentes: um açúcar de cinco carbonos (pentose), um grupo fosfato e uma base nitrogenada. A pentose é um elo entre a base nitrogenada (pirimidina ou purina) e o grupo fosfato.

As pentoses do DNA e RNA são respectivamente: desoxirribose e ribose. As bases nitrogenadas pirimidinas são: citosina (C), timina (T) e uracila (U). E as bases purinas são: adenina (A) e guanina (G).

O DNA forma uma dupla hélice, constituída por duas fileiras de polinucleotídeos, unidas entre si por ligações de hidrogênio. O DNA armazena e transmite informações genéticas e controla a divisão celular. Cada tipo de base nitrogenada pode interagir com uma outra base complementar. No pareamento das bases: guanina pareia com citosina, adenina pareia com a timina.

O RNA forma uma fita simples. Responsável pela tradução e síntese de proteínas. Na fita de RNA, a adenina se liga à uracila, e a citosina se liga à guanina. Algumas moléculas de RNA têm ação catalítica, sendo denominadas ribozimas.

O DNA é sintetizado por enzimas, as DNA polimerases. O RNA é formado a partir do DNA. Existem três tipos principais de RNA: o RNA mensageiro (RNAm), o RNA transportador (RNAt) e o RNA ribossômico (RNAr).

> **ASSUNTOS CORRELATOS:**
> Núcleo Celular / Cromossomos / Genes / Síntese Proteica

Confira o vídeo sobre ácidos nucleicos no QR code:

7.2 DUPLICAÇÃO DO DNA

> PALAVRAS-CHAVE: modelo de dupla hélice – bases nitrogenadas – pontes de hidrogênio – DNA polimerase – semiconservativa

A molécula de DNA apresenta uma estrutura conhecida como modelo de dupla hélice, ou seja, é representada por dois filamentos formados por muitos nucleotídeos e torcidos em hélice no espaço, ligados um ao outro pelas bases nitrogenadas. A ligação entre as bases é feita por pontes de hidrogênio.

No DNA a timina se liga sempre à adenina, e a citosina está sempre ligada à guanina. Assim, a sequência de bases de um filamento determina a sequência do outro. Os dois filamentos que compõem a molécula não são iguais, mas complementares.

Na duplicação (ou replicação) do DNA, a enzima DNA polimerase afasta os filamentos e quebra as pontes de hidrogênio.

Em cada filamento exposto, novos nucleotídeos começam a se encaixar. Com isso, obtêm-se duas moléculas de DNA a partir de uma inicial.

Cada molécula-filha é formada por um filamento antigo, que vem do DNA original, e por um novo, recém-fabricado. Por isso, a duplicação do DNA é semiconservativa.

Quanto aos erros de replicação: em sua maioria, os erros são rapidamente removidos e corrigidos por uma série de enzimas do sistema de reparo do DNA. Estas reconhecem qual filamento na dupla hélice recém-sintetizada contém a base incorreta e então a substitui pela base complementar correta. Afinal, a replicação do DNA precisa ser um processo extremamente preciso, para evitar mutações deletérias ao organismo.

ASSUNTOS CORRELATOS:
Ácidos Nucleicos / Cromossomos / Síntese Proteica / Divisão Celular

Confira o vídeo sobre duplicação do DNA no QR code:

7.3 TRANSCRIÇÃO

> PALAVRAS-CHAVE: expressão gênica – RNA polimerase – RNA mensageiro – nucleotídeos – ribose – desoxirribose – éxons – íntrons

Transcrição é a produção de RNA a partir de um molde de DNA. É um processo que ocorre no citoplasma das células.

Dessa forma, a transcrição é o primeiro passo da expressão gênica (informações contidas nos genes – sequência do DNA – gera produtos gênicos). A molécula de dupla hélice do DNA sofre ação da enzima RNA polimerase, que abre a molécula de DNA e desloca-se sobre ela catalisando o emparelhamento dos nucleotídeos do RNA de forma complementar aos do DNA.

Neste emparelhamento citosinas (C) se pareiam a guaninas (G). E as adeninas (A) se pareiam a uracilas (U), se diferindo da replicação do DNA, em que as adeninas (A) se pareiam a timinas (T). Outra diferença é que os nucleotídeos contêm o açúcar ribose no lugar da desoxirribose.

Apenas uma cadeia de DNA serve de molde ao RNA; a outra permanece inativa. Ao final do processo, as duas cadeias voltam a se emparelhar, reconstituindo a dupla hélice. Quando a RNA polimerase chega até a sequência de término da transcrição, ela se solta do DNA, finalizando a transcrição e liberando o RNA. Esse RNA sintetizado é o RNAm (RNA mensageiro). A sequência de bases nitrogenadas de uma molécula de RNA reflete a sequência de bases da cadeia de DNA que serviu de molde.

Esse RNAm atravessa a carioteca em direção ao citoplasma, onde se dará a síntese proteica. Algumas partes desse RNAm são codificantes, isto é, serão expressas para produzirem proteínas, e recebem o nome de éxons. Já as partes não codificantes são denominadas íntrons.

> **ASSUNTOS CORRELATOS:**
> Tradução / Síntese Proteica / Ácidos Nucleicos / DNA / RNA

Confira o vídeo sobre transcrição no QR code:

7.4 TRADUÇÃO

> **PALAVRAS-CHAVE:** códon – RNA mensageiro – RNA transportador – nucleotídeo – cadeia proteica – ribossomo – aminoácido

O processo de síntese proteica é denominado tradução. Tradução de um código de trincas de bases nitrogenadas do RNAm (RNA mensageiro). Cada trinca forma um códon.

Ocorre no citoplasma. A síntese tem início com a associação entre um ribossomo, um RNAm e uma RNAt (RNA transportador).

Cada três nucleotídeos do DNA correspondem a um aminoácido na proteína final.

O RNAt transporta os aminoácidos, que se encaixam num local do ribossomo onde se aloja o primeiro códon do RNAm.

Em seguida, o ribossomo desloca-se sobre a molécula de RNAm, dando um passo para a próxima trinca. O RNAt carrega os aminoácidos. Assim, à medida que o ribossomo se desloca sobre um RNAm, traduzindo sua informação, outro ribossomo pode também iniciar a tradução do mesmo RNAm.

Assim, vários ribossomos se encaixam sucessivamente no início de um RNAm, percorrendo-o, todos sintetizando o mesmo tipo de cadeia proteica.

Os aminoácidos vão formando uma cadeia proteica, ligando-se uns aos outros, de forma linear, por meio de ligações peptídicas.

Enfim, a tradução é a união de aminoácidos de acordo com a sequência de códons do RNAm. Para ocorrer a tradução, é necessário que ocorra antes a transcrição.

ASSUNTOS CORRELATOS:
Transcrição / Síntese Proteica / Ácidos Nucleicos / DNA / RNA

Confira o vídeo sobre tradução no QR code:

7.5 SÍNTESE PROTEICA

PALAVRAS-CHAVE: ribossomos – DNA – RNA – aminoácidos – expressão gênica – produto gênico

As proteínas são substâncias essenciais às células, fazendo parte de sua estrutura. As proteínas também são essenciais para o crescimento, para a catalisação de reações químicas (enzimas), para a contração muscular (actina e miosina), para o transporte de oxigênio (hemoglobina), para a proteção contra organismos patogênicos (anticorpos).

Síntese proteica é o processo pelo qual são produzidas as proteínas, e ocorre nos ribossomos de células procarióticas e de células eucarióticas. A síntese de uma proteína se dá pela montagem de aminoácidos de acordo com um código, uma sequência de bases do DNA.

As etapas do processo de síntese proteica são reguladas pelos genes. Na expressão gênica, a informação contida nos genes gera produtos gênicos.

O DNA serve, então, de molde para o RNA, onde toda essa informação será traduzida. No processo de síntese proteica participam ribossomos, RNAm (RNA mensageiro), RNAt (RNA transportador) e enzimas. O RNA que teve como molde o DNA é o RNAm. Esse processo é chamado de transcrição.

A leitura da sequência de bases desse RNAm que determinará a montagem dos aminoácidos é a tradução. Proteínas são produtos gênicos.

Assim, os genes determinam as características estruturais e funcionais dos seres vivos por meio da síntese proteica.

ASSUNTOS CORRELATOS:
Transcrição / Tradução / DNA / RNA / RNA Ribossômico / RNA Mensageiro / RNA Transportador

Confira o vídeo sobre síntese proteica no QR code:

7.6 RNA RIBOSSÔMICO

PALAVRAS-CHAVE: DNA – RNA – núcleo – nucléolo – proteínas – citoplasma – procariontes – eucariontes

Os segmentos de DNA que servem de molde para a formação das moléculas de RNAr (RNA ribossômico), ou RNA ribossomal, ficam em locais específicos de certos cromossomos, chamados de regiões organizadoras do nucléolo.

As moléculas de RNAr recém-sintetizados acumulam-se ao redor dessas regiões, formando os nucléolos. Nos nucléolos o RNAr se combina a proteínas especiais vindas do citoplasma e origina os ribossomos, estruturas citoplasmáticas que servem de base para a síntese de proteínas.

Os ribossomos não têm membrana. São formados por duas subunidades, maior e menor. Os ribossomos dos procariontes são menos complexos e menores que os ribossomos do citoplasma dos eucariontes. O RNAr representa 80% de todo o RNA presente em uma célula.

É nos ribossomos que a sequência de bases do RNAm é traduzida e a proteína, de fato, sintetizada. Enfim, o RNAr garante a formação do ribossomo, organela na qual ocorre a síntese de proteínas.

ASSUNTOS CORRELATOS:
Ribossomo / Transcrição / Tradução / Síntese Proteica / RNA Mensageiro / RNA Transportador

Confira o vídeo sobre RNA ribossômico no QR code:

7.7 RNA MENSAGEIRO

PALAVRAS-CHAVE: DNA – RNA – cromossomos – genes – códon – aminoácido – bases nitrogenadas

O RNAm (RNA mensageiro) constitui cerca de 5% a 10% de todo o RNA celular, sendo assim, é o tipo de RNA que se apresenta em menor quantidade em uma célula.

Os segmentos do DNA que servem de molde para as moléculas de RNAm localizam-se nos diversos cromossomos da célula. As moléculas de RNAm sintetizadas a partir dos genes têm a informação para a síntese de proteínas codificada em trincas de bases nitrogenadas. Cada trinca é chamada códon e define a posição de um aminoácido constituinte da proteína.

O ribossomo serve de suporte para o acoplamento de RNAm. O peso molecular de uma molécula de RNAm é proporcional ao tamanho da proteína que irá codificar no citoplasma.

ASSUNTOS CORRELATOS:
Ribossomo / Transcrição / Tradução / Síntese Proteica / RNA Mensageiro / RNA Ribossômico

Confira o vídeo sobre RNA mensageiro no QR code:

7.8 RNA TRANSPORTADOR

PALAVRAS-CHAVE: DNA – RNA – cromossomos – genes – códon – aminoácido – bases nitrogenadas

As moléculas de RNAt (RNA transportador) são sintetizadas a partir de segmentos de DNA presentes em certas regiões específicas dos cromossomos. Esse tipo de RNA é responsável pelo transporte das moléculas de aminoácidos até os ribossomos, onde elas se unem para formar as proteínas. Um RNAt é uma molécula relativamente pequena, com uma extremidade onde se liga a um aminoácido específico e uma região mediana onde há uma trinca de bases, o anticódon.

Por meio do anticódon, o RNAt emparelha-se temporariamente à trinca de bases complementares do RNAm (RNA mensageiro), o códon.

Resumindo: o RNAt faz a ligação códon-aminoácido, funcionando como um adaptador entre o RNAm e os aminoácidos que constituirão uma proteína.

ASSUNTOS CORRELATOS:
Ribossomo / Transcrição / Tradução / Síntese Proteica / RNA Mensageiro / RNA Ribossômico

Confira o vídeo sobre RNA transportador no QR code:

Capítulo 8:

METABOLISMO CELULAR

8.1 RESPIRAÇÃO AERÓBICA

> PALAVRAS-CHAVE: moléculas orgânicas – energia – fase anaeróbica – piruvato – acetil-CoA – mitocôndria

Para manter seu funcionamento, todas as células necessitam de energia e, para isso, utilizam um processo chamado respiração aeróbica para quebrar e retirar energia contida em moléculas orgânicas.

A respiração aeróbica se processa por reações bioquímicas que utilizam matéria orgânica e oxigênio livre. Pode ocorrer a partir de glicose, de aminoácidos, ácidos graxos e glicerol por meio de quebra das ligações entre moléculas, liberando energia. É dividida em duas fases:

- Fase anaeróbia: ocorre no citosol e consiste na glicólise, em que cada molécula de glicose é decomposta em duas moléculas de uma substância mais simples, o piruvato (ácido pirúvico). O piruvato penetra na mitocôndria e sofre transformações dando origem ao acetil-CoA;

- Fase aeróbica: realiza-se por sequência de reações que constituem o ciclo de Krebs e a cadeia respiratória. Esses processos ocorrem dentro das mitocôndrias, tendo como resultado a produção de CO_2 e H_2O, e desprendimento de energia. $C_6H_{12}O_6 + 6O_2 \rightarrow 6CO_2 + 6H_2O +$ energia.

A respiração aeróbica, então, gera energia utilizando o oxigênio (em sua fase aeróbica). É um processo complexo que configura uma estratégia de obtenção de energia eficiente, que possibilitou o surgimento de seres complexos, uma vez que a respiração anaeróbica não seria suficiente para suprir as necessidades de certas formas de vida.

ASSUNTOS CORRELATOS:
Respiração Anaeróbica / Respiração Celular / Glicólise / Ciclo de Krebs / Fosforilação Oxidativa

Confira o vídeo sobre respiração aeróbica no QR code:

8.2 RESPIRAÇÃO ANAERÓBICA

> PALAVRAS-CHAVE: energia – substâncias inorgânicas – bactérias
> – nitrato – carbonato – sulfato

A respiração anaeróbica é realizada apenas por certas espécies de bactérias e consiste na liberação da energia contida nos alimentos, usando substâncias inorgânicas que contêm oxigênio em suas moléculas.

Embora não utilize oxigênio livre, utiliza o nitrato (NO_3) que contém oxigênio. Em outros casos, além do nitrato esse processo é feito usando carbonatos (CO_3) ou sulfatos (SO_4).

A obtenção de energia por processos anaeróbicos é pouco eficiente: é gerada pouca energia ao fim do processo (1 mol de glicose gera apenas 2 mols de ATPs).

Apesar de pouco eficiente, a respiração anaeróbica é de extrema importância: certos organismos não são tolerantes ao oxigênio.

Acredita-se que, em épocas remotas, a respiração anaeróbica permitiu a sobrevivência de espécies numa atmosfera pobre em oxigênio.

ASSUNTOS CORRELATOS:
Respiração Aeróbica / Fermentação / Glicólise/ Ciclo de Krebs / Fosforilação Oxidativa

Confira o vídeo sobre respiração anaeróbica no QR code:

8.3 FERMENTAÇÃO

> PALAVRAS-CHAVE: respiração anaeróbica – enzimas – fermentação alcoólica – fermentação láctica – fermentação acética

Na fermentação, processo de respiração anaeróbica, a glicose sofre desdobramento e não depende de oxigênio livre, nem de substâncias que contenham oxigênio para sua realização. Assim, acontece apenas a primeira etapa da respiração celular (glicólise). O tipo de fermentação depende das enzimas de que os organismos dispõem. Dessa forma, têm-se os tipos de fermentação: alcoólica, láctica e acética.

Na fermentação alcoólica, tem-se o álcool etílico (ou etanol) como substância orgânica decorrente do desdobramento da glicose ($C_6H_{12}O_6 \rightarrow 2C_2H_5OH + 2CO_2$ + energia). É o que ocorre na fabricação da cerveja, em que um fungo é utilizado para fermentar o açúcar. Outro exemplo é a produção de pães, utilizando o fungo como fermento biológico. Durante a preparação dos pães, as leveduras realizam a fermentação, e o gás carbônico é liberado fazendo a massa aumentar de volume.

Na fermentação láctica, a enzima lactato desidrogenase reduz o piruvato, que origina o lactato ($C_6H_{12}O_6 \rightarrow 2C_3H_6O_3$ + energia). Realizada por bactérias, fungos e até mesmo as células musculares animais. As bactérias, por exemplo, são muito usadas na fermentação do leite para fabricação de iogurtes, coalhadas e outros derivados. Quando a atividade física é intensa, a quantidade de oxigênio torna-se insuficiente e, então, as células musculares deixam de realizar a respiração aeróbica e passam a realizar a fermentação láctica. O ácido lático se acumula produzindo a dor característica dessa situação.

Na fermentação acética, o álcool (etanol) é transformado em ácido acético (vinagre). $C_2H_5OH + O_2 \rightarrow H_4C_2O_2 + 2H_2O$.

ASSUNTOS CORRELATOS:
Respiração Aeróbica / Respiração Anaeróbica / Glicólise/ Ciclo de Krebs / Fosforilação Oxidativa

Confira o vídeo sobre fermentação no QR code:

8.4 RESPIRAÇÃO CELULAR

> PALAVRAS-CHAVE: energia – glicose – piruvato – acetil-CoA – ATP – transferência de elétrons – gás carbônico – água

A respiração em nível celular é um processo bioquímico para obtenção de energia, sendo constituída por três etapas:

- Glicólise: processo de quebra da glicose em partes menores. Essa etapa metabólica acontece no citoplasma da célula. Há a formação de piruvato (ou ácido pirúvico) que originará a acetil-CoA. Na glicólise há o rendimento de duas ATPs;
- Ciclo de Krebs: a acetil-CoA é oxidada a CO_2. Esse CO_2 é transportado pelo sangue e eliminado na respiração. O rendimento é de duas ATPs;
- Cadeia respiratória: produção da maior parte da energia, com a transferência de elétrons provenientes dos hidrogênios que foram retirados das substâncias participantes nas etapas anteriores. Com isso, são formadas moléculas de água e de ATP. Há muitas moléculas intermediárias presentes na membrana interna de células (procariontes) e na crista mitocondrial (eucariontes) que participam nesse processo de transferência e formam a cadeia de transporte de elétrons. O rendimento é de 26 ou 28 ATPs.

A respiração celular apresenta um saldo energético de 30 ou 32 moléculas de ATP, a maioria produzida na etapa de fosforilação oxidativa (cadeia respiratória).

Em resumo: na respiração celular ocorrem diversas reações com a participação de várias enzimas e coenzimas que atuam oxidando a molécula da glicose até o resultado final, com a produção de gás carbônico, água e moléculas de ATP que carregam a energia.

ASSUNTOS CORRELATOS:
Glicólise / Ciclo de Krebs / Fosforilação Oxidativa/ Respiração Aeróbica / Fotossíntese

Confira o vídeo sobre respiração celular no QR code:

8.5 GLICÓLISE

> PALAVRAS-CHAVE: processo anaeróbico – piruvato – investimento energético – compensação energética

A glicólise é um processo anaeróbico de oxidação da glicose que ocorre no citoplasma da célula de qualquer ser vivo, seja ele anaeróbio, seja aeróbio. É uma das etapas da respiração celular, em que ocorre a quebra da glicose em partes menores e consequente liberação de energia.

A molécula de glicose, proveniente da alimentação, é quebrada em duas moléculas menores de piruvato, liberando energia.

É dividida em duas fases: uma de investimento energético (com gasto de duas ATPs), e a outra de compensação energética (que repõe o que foi consumido e ainda produz mais duas moléculas de ATP). Isso ocorre porque a glicose precisa ser ativada, e essa ativação se dá por meio da adição de duas moléculas de ATP. Dessa forma, podemos dizer que no início da glicólise são necessárias duas moléculas de ATP para quebrar uma molécula de glicose. Apesar do uso de ATP, o processo de glicólise é vantajoso, uma vez que é produzido um total de quatro moléculas de ATP ao final das reações. Como visto, o saldo da glicólise é de duas ATPs.

Enfim, por não ser necessária a utilização de oxigênio para que a glicose seja quebrada, a glicólise é considerada um processo anaeróbio. As etapas subsequentes dependem da presença ou não desse gás. Caso o oxigênio não esteja presente, é realizado o processo de fermentação. Caso o gás esteja em quantidade suficiente, o processo realizado é a respiração celular, e as reações subsequentes são o ciclo de Krebs e a fosforilação oxidativa (cadeia respiratória).

ASSUNTOS CORRELATOS:
Respiração Celular / Ciclo de Krebs / Fosforilação Oxidativa / Respiração Aeróbica

Confira o vídeo sobre glicólise no QR code:

8.6 CICLO DE KREBS

PALAVRAS-CHAVE: oxidação – respiração celular – acetil-CoA – carboidratos – lipídios – aminoácidos – gás carbônico – água – energia

O ciclo de Krebs, também chamado de ciclo do ácido cítrico ou ciclo do ácido tricarboxílico, é um processo realizado na presença de oxigênio na maioria das células eucarióticas e algumas procarióticas. Nas eucariontes, o ciclo de Krebs ocorre em grande parte na matriz da mitocôndria; já nos organismos procariontes, essa etapa acontece no citoplasma.

A função do ciclo de Krebs é promover a oxidação completa de carboidratos, lipídios e diversos aminoácidos, com a obtenção de energia. Ocorre a degradação dessas moléculas orgânicas, resultando em gás carbônico, água e energia como produtos finais. Essa energia é utilizada nas mais diversas reações que ocorrem nas células.

O ciclo de Krebs inicia-se com a entrada de acetil-CoA (gerada na glicólise) e a partir daí se tem uma série de reações, em que cada etapa do ciclo é catalisada por uma enzima específica. Cada molécula de acetil-CoA reage com uma molécula de ácido oxalacético, resultando em citrato (ácido cítrico) e coenzima A. A coenzima A reaparece intacta no final. Tudo se passa, portanto, como se a coenzima A tivesse contribuído para anexar um grupo acetil ao ácido oxalacético, sintetizando o ácido cítrico. Cada ácido cítrico passará, em seguida, por uma via metabólica cíclica, denominada ciclo do ácido cítrico ou ciclo de Krebs, durante o qual se transforma sucessivamente em outros compostos. Na oxidação da glicose, o ciclo de Krebs apresenta ao final do processo, um saldo de duas moléculas de ATP e quatro moléculas de CO_2. Por fim, o ciclo de Krebs é uma série de reações com objetivo de produzir energia para as células, sendo uma das três etapas do processo da respiração celular. É uma reação de organismos aeróbicos, ou seja, que utilizam oxigênio na respiração celular.

ASSUNTOS CORRELATOS:
Respiração Celular / Glicólise / Fosforilação Oxidativa / Respiração Aeróbica

Confira o vídeo sobre ciclo de Krebs no QR code:

8.7 FOSFORILAÇÃO OXIDATIVA

> PALAVRAS-CHAVE: seres aeróbicos – mitocôndrias – ATP – grupo fosfato – coenzimas – moléculas intermediárias – quimiosmose

A fosforilação oxidativa, uma das etapas metabólicas da respiração celular, ocorre somente nos seres aeróbicos, pois é fundamental a presença de oxigênio. Na membrana interna das mitocôndrias, há a produção de ATP.

Na glicólise e ciclo de Krebs, parte da energia produzida na degradação de compostos é armazenada em moléculas intermediárias, as coenzimas, como o NAD+ e o FAD+. A energia de oxidação dessas coenzimas é utilizada para a síntese de ATP. Para isso, ocorre a fosforilação do ADP, ou seja, ele recebe grupos fosfato. Por isso esse processo é chamado fosforilação oxidativa. As coenzimas são reoxidadas, de forma a poderem participar novamente dos ciclos de degradação de nutrientes, doando mais energia para a síntese de ATP.

Envolve dois processos:

- Transporte de elétrons: elétrons são transferidos formando um gradiente de energia potencial armazenada, que será utilizada na produção de ATP.
- Quimiosmose: a ATP sintase (um complexo enzimático) na membrana interna da mitocôndria atua na produção de ATP.

O oxigênio faz a reoxidação das coenzimas através de uma cadeia de transporte de elétrons ou cadeia respiratória. É uma cadeia de proteínas por onde os elétrons passam. Por cada proteína pela qual passam, há liberação de energia.

A fosforilação oxidativa produz um saldo energético de 26 a 28 moléculas de ATP.

Em resumo: na fosforilação oxidativa ocorre a oxidação de moléculas intermediárias, com formação de moléculas de ATP.

ASSUNTOS CORRELATOS:
Respiração Celular / Glicólise / Ciclo de Krebs / Respiração Aeróbica

Confira o vídeo sobre fosforilação oxidativa no QR code:

Capítulo 9:

PAREDE BACTERIANA

9.1 PAREDE BACTERIANA

PALAVRAS-CHAVE: endotoxinas – lipoproteína – peptideoglicano – gram-positivas – gram-negativas – antibióticos

A parede da célula bacteriana fica localizada externamente à membrana plasmática. É uma estrutura complexa e resistente, responsável pela forma das bactérias. Sua principal função é evitar que a bactéria rompa quando submetida a ambientes hipotônicos.

Em certas bactérias são verificadas endotoxinas, substâncias capazes de induzir o sistema imune a ter uma reação exacerbada, conhecida como choque séptico.

O estudo da parede bacteriana é importante porque substâncias nela presentes levam certas espécies de bactérias a causar doenças. Inclusive, a composição da parede celular permite a classificação das bactérias em gram-positivas e gram-negativas.

Quando gram-positivas a coloração é arroxeada, com a parede formada por peptideoglicano. Quando gram-negativas, a coloração é avermelhada, com a parede formada por lipoproteínas.

Alguns tipos de antibióticos são capazes de impedir que as bactérias produzam a parede celular, o que causa sua morte. A penicilina, por exemplo, atua dessa forma sobre certos tipos de bactérias.

ASSUNTOS CORRELATOS:
Eucariontes e Procariontes / Membrana Plasmática / Componentes Químicos das Células

Confira o vídeo sobre parede bacteriana QR code:

Você pode acessar a lâmina "Parede Bacteriana" no QR code:

Capítulo 10:

CÉLULA VEGETAL

10.1 PAREDE CELULÓSICA

PALAVRAS-CHAVE: células vegetais – poros – celulose – hemicelulose – pectina lignina – suberina – parede primária – parede secundária

As células vegetais têm um envoltório externo espesso e resistente denominado parede celulósica. Suas funções são: sustentação, resistência e proteção contra patógenos externos. Por ter poros que funcionam como filtros, participa da absorção, transporte e secreção de substâncias, permitindo a troca de substâncias entre células vizinhas. Também protege contra a entrada excessiva de água, evitando a ruptura da célula (lise osmótica).

Nas células vegetais jovens há apenas uma parede fina e flexível de celulose, hemicelulose e pectinas – a parede primária – elástica o suficiente para permitir o crescimento celular. Tem teor de 70% de água. As pontes de hidrogênio proporcionam elasticidade à estrutura.

Depois que a célula vegetal atinge seu tamanho definitivo, forma-se internamente à parede primária, um envoltório mais espesso e mais rígido:

a parede secundária. Esta pode conter outros tipos de componentes além da celulose, como a lignina (um polímero) e a suberina (um tipo de lipídio).

A principal função das paredes das células vegetais é dar rigidez ao corpo das plantas, atuando na sustentação esquelética.

Por isso, a parede celulósica também é chamada de membrana esquelética celulósica. Além da parede primária e secundária, tem-se a lamela média: uma camada fina externa às paredes que tem como função ligar a célula com outras.

ASSUNTOS CORRELATOS:
Membrana Plasmática / Osmose / Plastos / Cloroplastos / Cromoplastos e Leucoplastos

Confira o vídeo sobre parede celulósica no QR code:

10.2 PLASTOS

PALAVRAS-CHAVE: clorofila – carotenoide – amido – proteína – gordura – endossimbiose

Plastos ou plastídios são organelas citoplasmáticas presentes apenas em células de plantas e de algas. Sua forma e tamanho variam de acordo com o tipo de organismo e da célula em que se encontram. Em algumas algas e em certas briófitas, cada célula contém apenas um ou poucos plastos de grande tamanho e forma característica. Em células de outras algas e plantas, os plastos são menores e estão presentes em grande número.

Células de folha de plantas angiospermas podem conter entre 40 e 50 plastos. Podem ser classificadas de acordo com o pigmento que apresentam, ou então, de acordo com a substância que acumulam: cloroplastos, cromoplastos e leucoplastos.

Os plastos caracterizam-se pela presença de pigmentos como clorofila e carotenoides, e pela capacidade que apresentam em sintetizar e acumular substâncias de reservas, tais como amido, proteínas e gorduras.

Acredita-se que os plastos são organelas membranosas originadas a partir do processo de endossimbiose, entre um eucarionte ancestral e um procarionte fotossintetizante.

ASSUNTOS CORRELATOS:
Membrana Plasmática / Osmose / Plastos / Cloroplastos / Cromoplastos e Leucoplastos

Confira o vídeo sobre plastos no QR code:

10.3 CLOROPLASTOS

PALAVRAS-CHAVE: clorofila – estroma – DNA circular – tilacoide – *granum* – fotossíntese

O principal tipo de plasto é o cloroplasto, que se caracteriza pela cor verde, decorrente da presença do pigmento clorofila. Podem ter formas e tamanhos diferentes, e sua quantidade na célula também pode variar. Presentes nas plantas, em certos protistas, algas diatomáceas e algas marrons. O espaço interno é preenchido por um líquido denominado estroma. Nele há enzimas,

DNA, RNA e ribossomos. Os cloroplastos apresentam DNA próprio circular, similar ao de organismos procariontes.

Nos cloroplastos ocorre a fotossíntese, pela qual algas e plantas produzem glicídios. Os cloroplastos são também capazes de sintetizar aminoácidos e lipídios que constituem sua própria membrana; por isso, são considerados semiautônomos. Apresentam membrana lipoproteica dupla, sendo que a mais interna das membranas forma lamelas, compostas por bolsas achatadas chamadas tilacoides. Os tilacoides são interligados formando um conjunto denominado *granum*.

Uma característica importante dos cloroplastos é sua capacidade de originar outro por divisão.

ASSUNTOS CORRELATOS:
Componentes Químicos das Células / Ácidos Nucleicos / Ribossomo / Plasto / Cromoplastos e Leucoplastos

Confira o vídeo sobre cloroplasto no QR code:

Você pode acessar a lâmina "Cloroplasto" no QR code:

10.4 CROMOPLASTOS E LEUCOPLASTOS

> PALAVRAS-CHAVE: clorofila – pigmentos vermelhos – pigmentos amarelos – fotossíntese – armazenamento

Alguns plastos não tem clorofila, e sim pigmentos vermelhos ou amarelos, sendo, por isso, denominados cromoplastos. Essas organelas são responsáveis pelas cores de certos frutos e flores, e de algumas raízes, como a cenoura, e de folhas que se tornam amareladas ou avermelhadas no outono:

- Eritroplasto, armazena ficoeritrina, relacionado à coloração vermelha;
- Xantoplasto, armazena xantofila, relacionado à coloração amarela.

Esses pigmentos são responsáveis pela absorção da luz para a fotossíntese.

Certos tipos de plastos não têm pigmentos, sendo, por isso, chamados leucoplastos. Eles estão presentes em certas raízes de caules tuberosos, e sua função é o armazenamento de amido. Os mais comuns são:

- Amiloplasto: armazena amido. Exemplos: batata, mandioca.
- Oleoplasto: armazena óleo. Exemplos: amendoim, nozes, amêndoa.
- Proteoplasto: armazena proteína. Exemplos: feijão, soja.

Quando exposto à luz, o leucoplasto pode transformar-se em cromoplasto.

| **ASSUNTOS CORRELATOS:**
Componentes Químicos das Células / Ácidos Nucleicos / Plastos / Cloroplastos

Confira o vídeo sobre cromoplastos e leucoplastos no QR code:

10.5 FOTOSSÍNTESE

> PALAVRAS-CHAVE: seres autotróficos – gás carbônico – água – luz – oxigênio – fase clara – fase escura – ciclo de Calvin

Fotossíntese é o processo pelo qual as plantas e outros seres autotróficos usam gás carbônico proveniente da atmosfera, água e energia da luz para fabricar açúcares, com liberação de oxigênio. Realiza-se em duas etapas: fase clara e fase escura.

Na fase clara (luminosa ou fotoquímica), que ocorre no interior da membrana do cloroplasto, a luz é absorvida e sua energia é transformada em energia de ATP e o oxigênio é liberado. Ocorre a fotofosforilação, em que a energia da luz é usada para adicionar um fosfato ao ADP, produzindo ATP. Nesse processo participa a clorofila.

Na fase escura (independente da luz ou ciclo de Calvin) ocorre a formação de matéria orgânica no estroma, parte solúvel do cloroplasto. Participa o gás carbônico do ar atmosférico. O gás carbônico e as moléculas de hidrogênio participam de um ciclo bastante complexo, chamado ciclo de Calvin. Neste ciclo são formadas moléculas de carboidrato e água. O carboidrato sofre polimerização e dá origem a açúcares simples, principalmente a glicose.

Enfim, na biosfera, a fotossíntese é o processo básico de transformação de energia que sustenta a base da cadeia alimentar, pois a alimentação de substâncias orgânicas proporcionadas pelas plantas verdes produzirá o alimento para os seres heterótrofos. Enquanto a fase luminosa da fotossíntese fornece energia, na fase escura acontece a fixação do carbono.

ASSUNTOS CORRELATOS:
Respiração Aeróbica / Respiração Anaeróbica / Glicólise / Ciclo de Krebs / Fosforilação Oxidativa

Confira o vídeo sobre fotossíntese no QR code:

Capítulo 11:

TECIDOS EMBRIONÁRIOS

11.1 TECIDOS EMBRIONÁRIOS ANIMAIS

PALAVRAS-CHAVE: fecundação – zigoto – mórula – blástula – gástrula – ectoderma – mesoderma – endoderma

A embriogênese envolve um conjunto de processos que levam à formação dos tecidos e dos órgãos de um embrião.

Após a fecundação, o zigoto (célula-ovo) se divide e origina células chamadas blastômeros, em um processo chamado clivagem. Assim, tem-se a formação da mórula, uma esfera repleta de blastômeros. Uma cavidade única é formada, denominada blastocele. A esfera é, então, denominada blástula. Posteriormente a uma invaginação na blastocele, tem origem a gástrula. A gástrula é formada por camadas de células, que são os folhetos embrionários ou germinativos.

Há animais que permanecem com dois folhetos (ectoderme e endoderme) e são chamados diblásticos. Exemplos: cnidários (água-viva, coral, anêmona).

Os demais animais desenvolvem a mesoderme e denominam-se triblásticos, sendo eles de dentro para fora: endoderma, mesoderma e ectoderma, constituindo um disco trilaminar.

Daí os folhetos embrionários começam a se diferenciar para originar os diferentes tecidos do embrião.

No caso dos seres humanos, o ectoderma superficial passará a envolver externamente todo o embrião originando a epiderme e os anexos epidérmicos (pelos, unhas, chifres, penas), glândulas sudoríferas ou sudoríparas, sebáceas, mamárias, lacrimais, medula da adrenal e hipófise, lente (cristalino), retina e córnea, revestimento (tecido epitelial) da boca, do nariz e do ânus, esmalte dos dentes. O ectoderma neural formará o sistema nervoso central sistema nervoso (encéfalo, medula espinhal, gânglios e nervos). O endoderma formará o intestino primitivo, que dará origem aos sistemas digestório e respiratório. O mesoderma é responsável pela formação do sistema cardiovascular e do sistema locomotor.

O mesoderma é responsável pela formação dos músculos, tecidos conjuntivos (cartilagens, ossos, derme, tecido hematopoiético, sangue), sistemas cardiovascular e linfático, sistemas urinário e genital, pericárdio, pleura e peritônio (membranas que revestem o coração, os pulmões e os intestinos), córtex da adrenal.

O endoderma formará revestimento epitelial do tubo digestório e do sistema respiratório, fígado, pâncreas, glândula tireóidea e glândulas paratireoides, revestimento da bexiga urinária.

Para a formação dos sistemas orgânicos é necessária a interação entre os folhetos.

ASSUNTOS CORRELATOS:
Fertilização / Sistemas Fisiológicos

11.2 TECIDOS EMBRIONÁRIOS VEGETAIS

PALAVRAS-CHAVE: germinação – meristemas

O desenvolvimento das plantas, desde a germinação da semente até atingir o estado adulto, pode ocorrer somente por atividade dos tecidos embrionários vegetais.

Os meristemas são os tecidos embrionários vegetais, constituídos por células que se dividem continuamente por mitoses e originam, então, os tecidos adultos.

Classificação dos meristemas: apicais – localizados no ápice da raiz e do caule (relacionados com o crescimento primário da planta (comprimento); e laterais – relacionados ao crescimento secundário (espessura ou diâmetro).

ASSUNTOS CORRELATOS:
Semente / Mitose / Meiose

Capítulo 12:

HISTOLOGIA ANIMAL

12.1 TECIDO EPITELIAL

> PALAVRAS-CHAVE: lâmina basal – revestimento – pavimentoso – cúbico – colunar – simples – estratificado – pseudoestratificado – de transição – exócrina – endócrina – merócrina – holócrina – apócrina

As células do tecido epitelial advêm dos três folhetos germinativos. Os epitélios que revestem o tubo digestivo, a árvore respiratória e as glândulas do aparelho digestivo, como o pâncreas e o fígado são de origem endodérmica. O endotélio que reveste os vasos sanguíneos internamente tem origem mesodérmica. As células epiteliais da pele, boca, fossas nasais e ânus são de origem ectodérmica. Há dois grandes grupos de tecidos epiteliais: os epitélios de revestimento e os epitélios glandulares.

Os tecidos epiteliais de revestimento recobrem os órgãos externamente e internamente; e os epitélios glandulares estruturam as glândulas.

São características do tecido epitelial: as células são muito unidas, justapostas (lado a lado) sem vasos sanguíneos, havendo pouca substância entre essas células (matriz extracelular), as quais ficam apoiadas numa camada de colágeno tipo IV, denominada lâmina basal. Na verdade, é essa lâmina basal que separa o tecido epitelial de um outro tipo de tecido, o tecido conjuntivo. O glicocálice é uma fina camada glicoproteica que reveste as células epiteliais.

Dessa forma, entende-se que a lâmina basal mantém a adesão entre os tecidos (conjuntivo e epitelial), regulando as interações entre as células, e a multiplicação e diferenciação destas. Como não há vasos sanguíneos, os nutrientes e o oxigênio atingem as células epiteliais por difusão, a partir dos vasos sanguíneos do tecido conjuntivo logo abaixo.

12.2 EPITÉLIOS DE REVESTIMENTO

Os epitélios de revestimento estão presentes nas superfícies externas e internas dos órgãos, protegendo o exterior e o interior do corpo, e também as cavidades.

Os epitélios podem ser classificados quanto ao número de camadas de células, e às formas dessas células.

Epitélio simples pavimentoso: células pavimentosas em uma única camada. Exemplos: endotélio (epitélio de revestimento de vasos sanguíneos e linfáticos); mesotélio (revestimento de cavidades pericárdica, pleural, peritoneal).

Epitélio simples cúbico: células cúbicas em uma única camada. Exemplos: revestimento dos túbulos renais, dos ovários e dos ductos de glândulas.

Epitélio simples colunar: células prismáticas em uma única camada. Exemplos: revestimento do estômago e dos intestinos.

Epitélio estratificado pavimentoso: células pavimentosas em várias camadas. Exemplo: pele, mucosa bucal, mucosa vaginal, canal anal. No caso da pele, esse epitélio é queratinizado.

Epitélio estratificado colunar: células prismáticas em várias camadas. Exemplos: conjuntiva ocular, uretra.

E também o epitélio pseudoestratificado e o epitélio estratificado de transição. Nesse primeiro, há uma única camada de células, com núcleos em diferentes alturas, dando a impressão de várias camadas. Ocorre na cavidade nasal, traqueia e brônquios. Já no epitélio estratificado de transição ocorre na bexiga urinária e ureteres. Neste tipo de epitélio, conforme o órgão se distende, ocorre variação do número de camadas de células.

Certas células epiteliais apresentam diferenciações para o desempenho de funções específicas, como as microvilosidades e os cílios. As microvilosidades são projeções das células, com forma de dedos de luva, estando relacionadas com regiões com necessidade de aumento da área da absorção, tal como o epitélio do intestino, e dos túbulos renais. Os cílios estão relacionados com regiões com necessidade de deslocamento de partículas, como o epitélio da traqueia. O batimento dos cílios, neste caso, desloca bactérias e poeira, evitando que cheguem aos pulmões.

Para garantir a união entre as células epiteliais, há junções celulares especializadas: zônula de oclusão (que impedem a passagem de moléculas entre as células); zônula de adesão (que aumentam a adesividade intercelular), desmossomos (atuando como um botão de pressão, conferem maior adesão celular e resistência); junções comunicantes (interconectam células epiteliais, permitindo a troca de moléculas por meio dos poros).

Figura 29 – EPITÉLIOS DE REVESTIMENTO

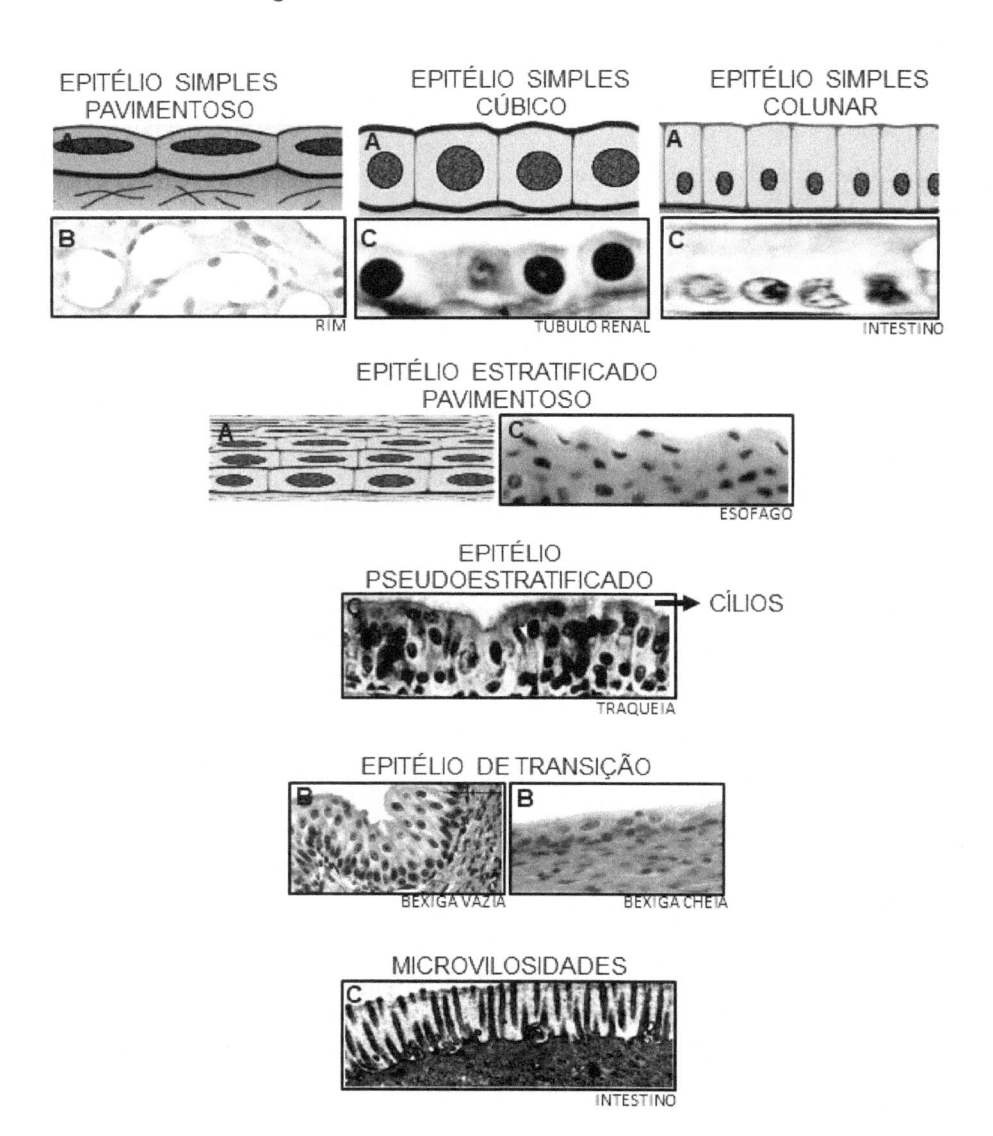

Fonte: Desenhos – A: SOUZA, D.S.; MEDRADO, L.; GITIRANA, L.B. Histologia. *In*: MOLINARO, E.M., CAPUTO, L.F.G.; AMENDOEIRA, M.R.R. (Org.). *Conceitos e métodos para a formação de profissionais em laboratórios de saúde: volume 2*. Rio de Janeiro: EPSJV; IOC, 2010.

Fotos B: FERRARI, O.; ANDRADE, F.G.; ALMEIDA F.C.; ANGELIM, L.G.; SILVA, M.O. Tecido epitelial de revestimento. *In*: ANDRADE, F.G., FERRARI. O.; (Org.). *Atlas digital de histologia básica*. Londrina: UEL, 2014. *E-book*.

Fotos C: MONTANARI, T. *Atlas digital de biologia celular e tecidual* [recurso eletrônico] / Tatiana Montanari. Porto Alegre: Edição da Autora, 2016.

Você pode acessar a lâmina "Epitélios de Revestimento" no QR code:

Confira o vídeo sobre tecido epitelial de revestimento no QR code:

12.3 EPITÉLIOS GLANDULARES

Os epitélios glandulares, por formarem as glândulas, contêm células que produzem e secretam substâncias, denominadas secreções. Dependendo da secreção, as glândulas são exócrinas, ou endócrinas ou mistas. E dependendo do número de células, as glândulas podem ser unicelulares ou multicelulares.

O principal exemplo de glândula unicelular é a glândula caliciforme, que secreta muco no epitélio da traqueia e do intestino grosso.

As glândulas multicelulares são exócrinas, endócrinas e mistas.

As glândulas exócrinas secretam suor (sudoríparas), sebo (sebáceas), lágrima (lacrimais), leite (mamárias) e saliva (salivares). A secreção destes produtos ocorre por meio de um ducto excretor para o interior de cavidades do corpo ou para fora do corpo. Além do ducto excretor que transporta o produto de secreção, essas glândulas têm a porção secretora.

As glândulas endócrinas, tais como tireoide, ovários, testículos, secretam hormônios, liberando-os nos vasos sanguíneos próximos. Segundo o arranjo das células epiteliais, as glândulas endócrinas são classificadas como: folicular (as células estão organizadas em folículos, que são vesículas, onde se acumula a secreção. Ex.: tireoide) ou cordonal (as células estão organizadas enfileiradas, formando cordões ao redor de capilares. Ex.: paratireoide, suprarrenal e adeno-hipófise).

As glândulas mistas, como o pâncreas, apresentam porções exócrina e endócrina. O suco pancreático que atua na digestão dos alimentos é uma secreção liberada no duodeno. A insulina e o glucagon são hormônios liberados na corrente sanguínea.

Quando glândulas secretam somente secreção, são chamadas de merócrinas (pâncreas, glândulas salivares). Mas quando as células se destacam da glândula e levam consigo a secreção, são chamadas de holócrinas (glândulas sebáceas). As glândulas intermediárias que liberam a secreção com parte do citoplasma das células são apócrinas (sudoríparas).

A secreção mucosa contém glicoproteínas complexas, formando um gel viscoso e elástico (muco), de função lubrificante e protetora. Exemplo: muco secretado pelas glândulas caliciformes. A secreção serosa é proteica, fluida, clara. Exemplo: saliva.

Figura 30 – EPITÉLIOS GLANDULARES

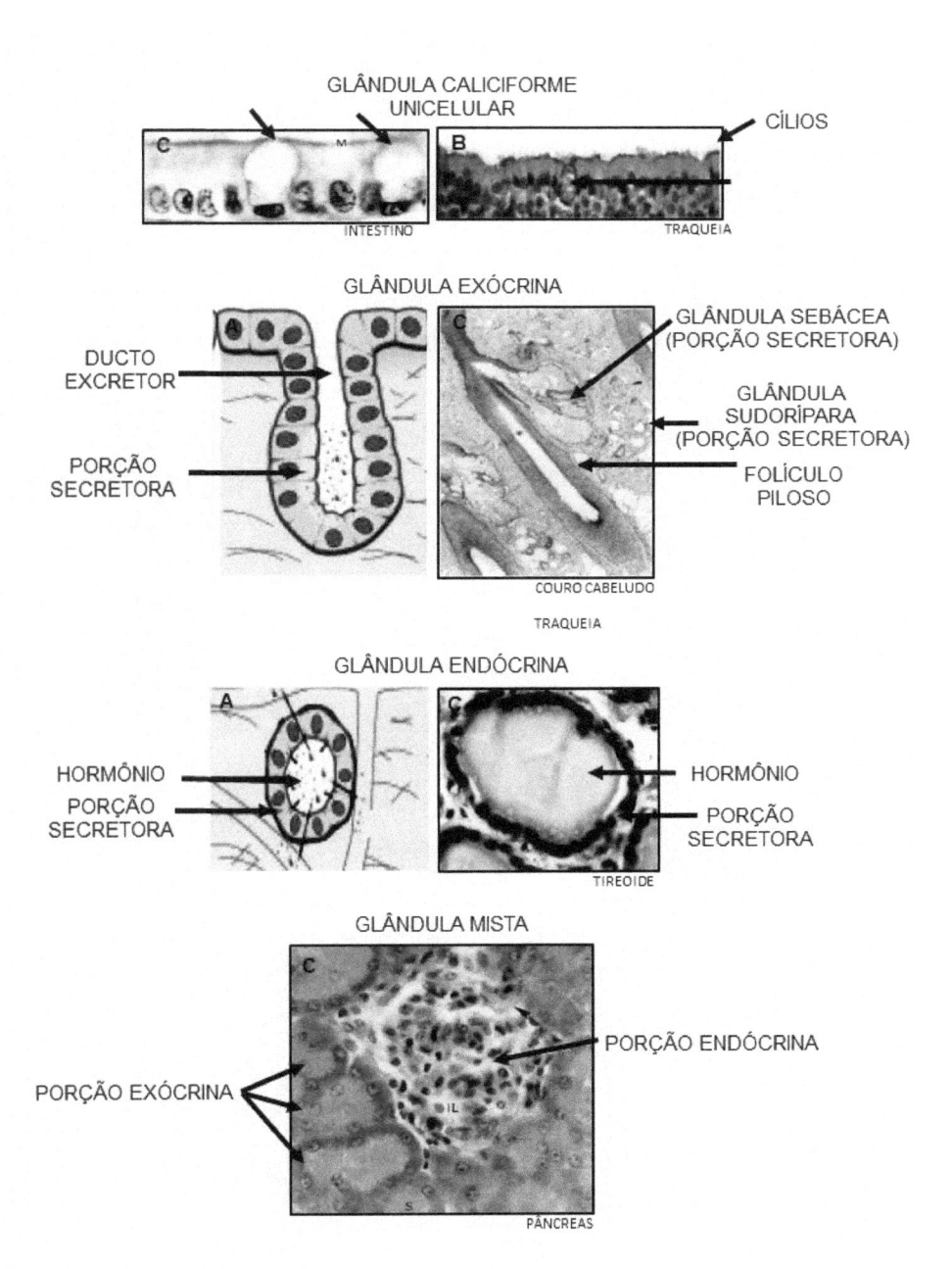

GLÂNDULA CALICIFORME UNICELULAR — CÍLIOS
INTESTINO — TRAQUEIA

GLÂNDULA EXÓCRINA

DUCTO EXCRETOR
PORÇÃO SECRETORA

GLÂNDULA SEBÁCEA (PORÇÃO SECRETORA)
GLÂNDULA SUDORÍPARA (PORÇÃO SECRETORA)
FOLÍCULO PILOSO

COURO CABELUDO
TRAQUEIA

GLÂNDULA ENDÓCRINA

HORMÔNIO
PORÇÃO SECRETORA

HORMÔNIO
PORÇÃO SECRETORA

TIREOIDE

GLÂNDULA MISTA

PORÇÃO EXÓCRINA
PORÇÃO ENDÓCRINA

PÂNCREAS

Fonte: Desenhos – A: SOUZA, D.S.; MEDRADO, L.; GITIRANA, L.B. Histologia. In: MOLINARO, E.M., CAPUTO, L.F.G.; AMENDOEIRA, M.R.R. (Org.). *Conceitos e métodos para a formação de profissionais em laboratórios de saúde: volume 2*. Rio de Janeiro: EPSJV; IOC, 2010.

Fotos B: FERRARI, O.; ANDRADE, F.G.; ALMEIDA F.C.; ANGELIM, L.G.; SILVA, M.O. Tecido epitelial de revestimento. In: ANDRADE, F.G., FERRARI. O.; (Org.). *Atlas digital de histologia básica*. Londrina: UEL, 2014. *E-book*.

Fotos C: MONTANARI, T. *Atlas digital de biologia celular e tecidual* [recurso eletrônico] / Tatiana Montanari. Porto Alegre: Edição da Autora, 2016.

Você pode acessar as lâminas "Epitélios Glandulares" no QR code:

Confira o vídeo sobre tecido epitelial glandular no QR code:

ASSUNTOS CORRELATOS:
Pele / Mucosa / Sistema Imunológico / Tecido Conjuntivo

12.4 TECIDO CONJUNTIVO

> PALAVRAS-CHAVE: Matriz extracelular – fibras colágenas – fibras elásticas – fibras reticulares – substância fundamental amorfa – fibroblastos – mastócitos – plasmócitos – macrófagos – frouxo – denso – não modelado – modelado

O mesoderma dá origem aos tecidos conjuntivos. O tecido conjuntivo está presente praticamente em todos os órgãos, unindo e sustentando outros tecidos. Tecnicamente denomina-se tecido conjuntivo propriamente dito, e preenche as lacunas entre os outros tecidos. Há tecidos conjuntivos especializados em funções específicas, como o ósseo, o cartilaginoso, o adiposo e o sanguíneo.

São características do tecido conjuntivo: há grande variedade de células (próprias do tecido e células vindas do sangue), e há muita substância entre estas – matriz extracelular – até mais matriz extracelular do que células. A constituição da matriz extracelular inclui água, sais minerais, proteínas, fibras proteicas e glicoproteínas. Essa matriz pode ser líquida (como no tecido sanguíneo), flexível (tecido cartilaginoso) ou até rígida (tecido ósseo).

Confira o vídeo sobre tecido conjuntivo no QR code:

12.5 TECIDO CONJUNTIVO PROPRIAMENTE DITO

É o tipo de tecido conjuntivo que preenche espaços entre os outros tecidos. Preenche e desempenha funções: defesa do organismo; nutrição, sustentação e transporte de substâncias para outros tecidos (o tecido conjuntivo propriamente dito é o suporte do tecido epitelial avascularizado).

Sua matriz extracelular é munida de elasticidade e resistência, graças às fibras que a compõe: colágenas (glicoproteína colágeno), elásticas (proteína elastina) e reticulares (reticulina – colágeno associado a glicídios).

Cerca de 30% do total de proteínas do organismo é colágeno, existindo colágenos tipo I, II, III, IV, V e XI. Os colágenos tipo I e II são muito frequentes. O tipo I é encontrado nos tendões, ligamentos, cápsulas dos órgãos, derme, ossos, dentina, constituindo 90% do total de colágeno do corpo. O tipo II está nas cartilagens.

O tecido conjuntivo propriamente dito também é constituído por uma porção não estruturada, chamada de substância fundamental amorfa, que por ser viscosa, preenche os espaços entre as fibras e as células. Constitui-se de glicoproteínas estruturais, ácido hialurônico e água. Essa água, que vem do sangue, é o veículo para passagem de substâncias. Várias células estão presentes: fibroblastos, mastócitos, plasmócitos e macrófagos.

Os fibroblastos fabricam as fibras colágenas e elásticas que compõe a matriz extracelular. Podem originar outros tipos de células. Fibrócitos são fibroblastos inativos. Em um processo de cicatrização, por exemplo, os fibrócitos podem voltar a sintetizar fibras. Na falta de vitamina C, os fibroblastos não sintetizam colágeno.

Os mastócitos relacionam-se à resposta inflamatória, sintetizando heparina e histamina, potentes mediadores químicos da inflamação. Sua superfície contém receptores para anticorpos (produzidos pelos plasmócitos).

Nessa ligação com anticorpos, os mediadores químicos armazenados nos mastócitos são liberados e promovem as reações alérgicas de sensibilidade imediata, como ocorre no choque anafilático.

Os plasmócitos produzem anticorpos (imunoglobulinas), sendo muito numerosos na mucosa intestinal e em outros locais mais vulneráveis à invasão de microrganismos e corpos estranhos, que são os antígenos. Para cada antígeno, um anticorpo específico é fabricado. Sendo assim, antígenos e anticorpos se combinam, em uma reação antígeno-anticorpo, que acaba por neutralizar o antígeno.

Os macrófagos protegem o tecido, estando fixos ou móveis, deslocando-se entre as fibras, fagocitando microrganismos invasores, partículas inertes e restos celulares. Os macrófagos são originados dos monócitos do sangue, que atravessam a parede dos vasos sanguíneos e penetram no tecido conjuntivo, tornando-se macrófagos. Na função de defesa, além da atividade fagocitária, também atraem leucócitos e estimula a atividade de outras células. Quando há partículas inertes grandes, macrófagos fundem-se, constituindo células gigantes com mais de cem núcleos. Na função de fagocitar restos celulares, estão presentes nos processos fisiológicos involutivos. Exemplo: na involução uterina após o parto, são os macrófagos que destroem parte dos tecidos do útero.

O tecido conjuntivo propriamente dito pode ser tecido conjuntivo frouxo ou tecido conjuntivo denso. O primeiro caracteriza-se por flexibilidade e pouca resistência a trações, pois contém fibras distribuídas pela matriz, e preenche lacunas entre outros tecidos, envolvendo nervos, músculos, vasos sanguíneos e linfáticos. Contém todos os elementos do tecido conjuntivo propriamente dito

Já o tecido conjuntivo denso ocorre na derme, nos ligamentos e nos tendões, caracteriza-se pela resistência, com grande quantidade de feixes de fibras colágenas. Dependendo da organização dessas fibras, pode ser tecido conjuntivo denso não modelado – é o caso da derme – com feixes de fibras colágenas sem orientação definida. Ou pode ser tecido conjuntivo denso modelado – é o caso dos ligamentos, tendões, aponeuroses – com feixe de fibras colágenas com orientação bem definida, o que confere maior resistência à tensão.

Figura 31 – TECIDO CONJUNTIVO PROPRIAMENTE DITO

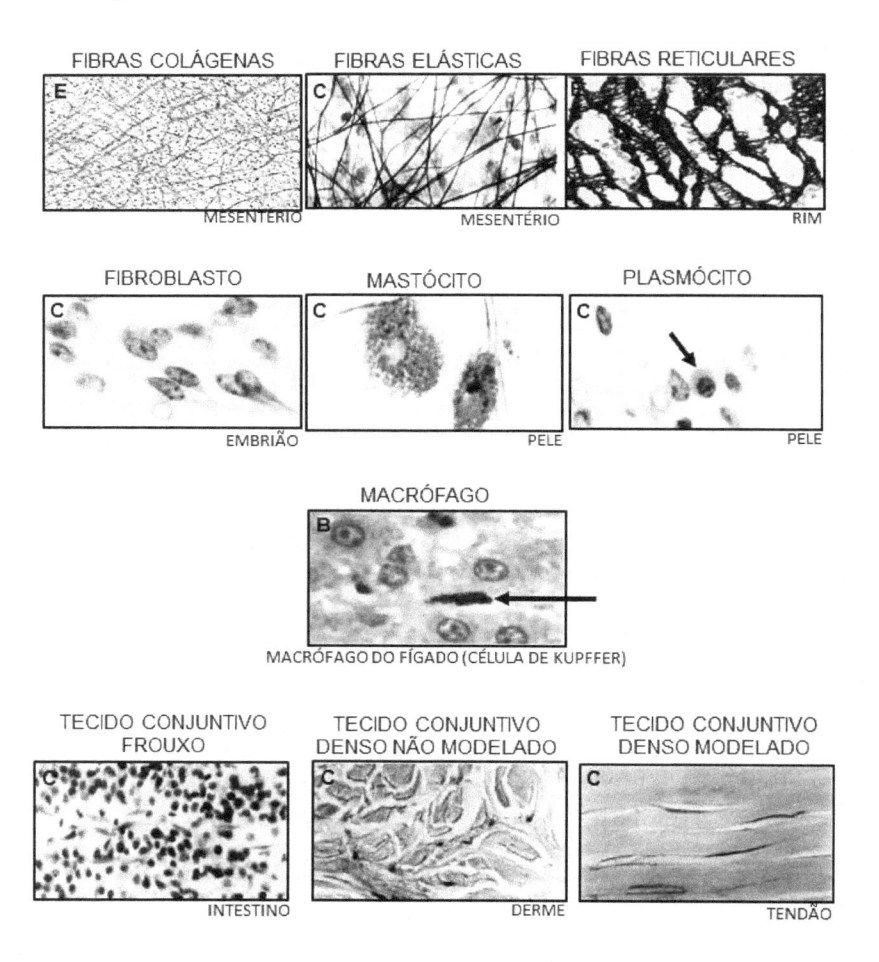

Fonte: Fotos – B: FERRARI, O.; ANDRADE, F.G.; ALMEIDA F.C.; ANGELIM, L.G.; SILVA, M.O. Tecido epitelial de revestimento. In: ANDRADE, F.G., FERRARI. O.; (Org.). *Atlas digital de histologia básica*. Londrina: UEL, 2014. E-book.

Fotos C: MONTANARI, T. *Atlas digital de biologia celular e tecidual* [recurso eletrônico] / Tatiana Montanari. Porto Alegre: Edição da Autora, 2016.

Fotos E: NETO, J.M.; ARAÚJO, E.J.A.; ZUCOLOTO, A.Z.; MANCHOPE, M.F.; MATSUBARA, N.K.; VIEIRA, N.A. Tecido conjuntivo: fibras, variedades, tecido adiposo. *In*: ANDRADE, F.G., FERRARI. O.; (Org.). *Atlas digital de histologia básica*. Londrina: UEL, 2014. *E-book*.

Você pode acessar as lâminas "Tecido Conjuntivo Propriamente Dito" no QR code:

Confira o vídeo sobre tecido conjuntivo propriamente dito no QR code:

12.6 EPIDERME, DERME E ANEXOS

A pele é um órgão que corresponde cerca de 16% do peso corporal, sendo constituída por uma camada de tecido epitelial chamada epiderme, que está sobre uma camada de tecido conjuntivo, chamada de derme. Tem várias funções: desde a termorregulação do corpo, recepção de estímulos, proteção contra atritos e contra perda de água, até excreção de substância por meio de suas glândulas.

Abaixo da derme está a hipoderme, que serve de suporte, mas não faz parte da pele.

A mucosa é o epitélio que reveste cavidades úmidas, como a boca, bexiga, intestino, vagina.

12.7 EPIDERME

A epiderme é constituída de muitas camadas de células; por isso, o epitélio é pavimentoso estratificado queratinizado (com queratina, uma proteína). Sua função é de proteção contra entrada de microrganismos e contra o atrito. A mitose é constante, em que as células das camadas profundas (em contato direto com a lâmina basal) substituem as células superficiais, que vão se destacando. A epiderme se renova a cada 20 a 30 dias. A partir de precursores originados na epiderme, a vitamina D3 é formada pela ação da radiação ultravioleta. É na epiderme que estão os queratinócitos, os melanócitos, as células de Langerhans e as células de Merkel.

São nítidas suas camadas (de baixo para cima): camada basal, espinhosa, granulosa, lúcida e a córnea. A camada basal é uma camada germinativa de células cuboides sobre a lâmina basal, com intensa atividade mitótica. A camada espinhosa apresenta células de aspecto espinhoso devido às suas expansões citoplasmáticas e com filamentos de citoqueratina (que as tornam bem coesas e resistentes ao atrito). Na camada granulosa as células são mais achatadas com citoplasma repleto de grânulos de querato-hialina, que quando fora das células, fazem uma vedação dessa camada. Na camada lúcida, as células são mais achatadas. Por fim, a camada córnea é composta por células achatadas, mortas, sem núcleo e com o citoplasma repleto de queratina.

Os queratinócitos produzem queratina, uma proteína que impermeabiliza a pele. Os queratinócitos morrem e formam o estrato córneo que, então, constitui a camada mais externa que se descama. O estrato córneo protege o organismo contra a evaporação de água e contra os atritos. Aliás, essa camada córnea torna-se mais espessa nos locais de maior atrito, como a palma da mão e a planta do pé.

Os melanócitos são encontrados nas camadas basal e espinhosa da epiderme, e fabricam melanina, um pigmento proteico marrom-escuro que dá cor à pele e proteção contra os raios ultravioleta.

As células de Langerhans estão por toda a epiderme, em maior quantidade na camada espinhosa e fazem parte do sistema imunitário. As células de Merkel funcionam como mecanorreceptores (receptores para sensibilidade tátil e de pressão). Assim, os movimentos de pressão e tração sobre epiderme desencadeiam o estímulo.

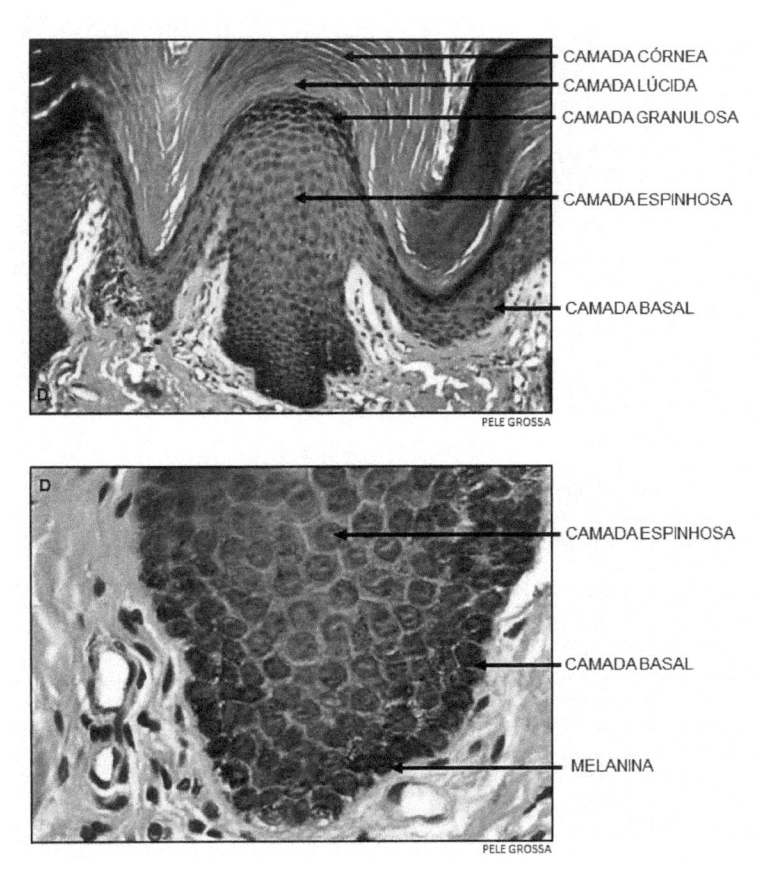

Figura 32 – EPIDERME

Fonte: Foto – D: BISSOLI JUNIOR, A.W.; ANDRADE, J.S.; RIBEIRO, I.; ANDRADE, F.G.; FERRARI, O. Sistema Tegumentar. *In*: FERRARI. O.; ANDRADE, F.G. (Org.). *Atlas digital de histologia sistêmica*. 1ª ed. Londrina: Fabio Goulart de Andrade, 2020.

Você pode acessar a lâmina "Epiderme" no QR code:

Confira o vídeo sobre epiderme no QR code:

12.8 DERME

A derme sustenta a epiderme, e é repleta de vasos sanguíneos, glândulas sudoríparas, glândulas sebáceas, raízes de pelos e receptores sensoriais.

O limite entre a epiderme e a derme é irregular, com muitas saliências e reentrâncias entre elas. As saliências da derme na epiderme denominam-se papilas dérmicas. Duas camadas constituem a derme: a camada papilar e a camada reticular. A camada papilar é composta por tecido conjuntivo frouxo, e a camada reticular, por tecido conjuntivo denso. É difícil determinar limites entre essas duas camadas, que estão repletas de vasos sanguíneos e linfáticos, nervos, pelos, glândulas sebáceas e sudoríparas.

Os vasos sanguíneos e linfáticos estão situados entre as camadas papilar e reticular. Nas papilas dérmicas estão as terminações nervosas sensitivas que recebem os estímulos do meio ambiente e os transmitem ao cérebro, por meio dos nervos. Estes estímulos são traduzidos em sensações, como dor, frio, calor, pressão, vibração, cócegas e prazer. Há vários tipos de receptores.

Corpúsculos de Meissner: presentes nas saliências da pele sem pelos (como nas impressões digitais). Detectam tato, pressão, vibração (detectam vibrações de baixa frequência).

Terminações nervosas livres: sensíveis aos estímulos térmicos (calor e frio), mecânicos (cócegas, prurido ou coceira), e dolorosos.

Corpúsculos de Pacini (ou Vater-Pacini): detectam especialmente pressão e vibração (vibrações de alta frequência).

Bulbos terminais de Krause: receptores térmicos de frio.

Corpúsculos de Ruffini: receptores táteis.

Os pelos são estruturas queratinizadas, distribuídos por toda a superfície corpórea. Passam por fases de crescimento e de repouso, variáveis conforme as regiões. Sua cor se dá pela presença de melanina

Desenvolvem-se em bainhas na epiderme: os folículos pilosos, os quais apresentam uma dilatação, o bulbo piloso, envolto por tecido conjuntivo, que compõe a bainha conjuntiva do folículo piloso, na qual se insere um feixe de músculo liso. A contração desses músculos lisos – músculos eretores dos pelos – resultam no eriçamento dos pelos.

A unhas são constituídas por escamas córneas aderidas umas às outras, que recobrem as superfícies das falanges. A raiz da unha é a região de proliferação celular, onde as células se queratinizam, formando a placa córnea.

As glândulas sebáceas têm forma alveolar e são holócrinas e sua secreção contém vários tipos de lipídios (triglicerídeos, ácidos graxos, colesterol). Têm seus ductos desembocando nos folículos pilosos. Estão ausentes nas palmas das mãos e nas plantas dos pés.

Já glândulas sudoríparas são merócrinas, têm forma enovelada, com ductos que se abrem na superfície da pele, secretando o suor, que ao evaporar, baixa a temperatura corporal. O suor é composto por sódio, potássio, cloreto, ureia, amônia e ácido úrico.

Figura 33 – DERME E FOLÍCULO PILOSO

- EPIDERME
- PAPILA DÉRMICA
- CAMADA PAPILAR
- CAMADA RETICULAR

PELE GROSSA

- FOLÍCULO PILOSO
- GLÂNDULA SEBÁCEA

PELE GROSSA

Fonte: Foto D: BISSOLI JUNIOR, A.W.; ANDRADE, J.S.; RIBEIRO, I.; ANDRADE, F.G.; FERRARI, O. Sistema Tegumentar. In: FERRARI. O.; ANDRADE, F.G. (Org.). *Atlas digital de histologia sistêmica*. 1ª ed. Londrina: Fabio Goulart de Andrade, 2020.

Confira as lâminas "Derme" e "Folículo Piloso" no QR code:

Confira o vídeo sobre derme e anexos no QR code:

ASSUNTOS CORRELATOS:
Cicatrização / Sistema Sensorial / Doenças Autoimunes

12.9 TECIDO CONJUNTIVO ÓSSEO

> PALAVRAS-CHAVE: matriz mineralizada – fosfato de cálcio – fibras colágenas – endósteo – periósteo – osteoblasto – osteócito – osteoclasto – osso esponjoso – osso compacto – tecido ósseo primário – tecido ósseo secundário – ossificação intramembranosa – ossificação endocondral – remodelação

É um tecido rígido e resistente, pois sua matriz extracelular é mineralizada – parte inorgânica – com a deposição de fosfato de cálcio. A parte orgânica é composta por fibras colágenas tipo I. Como a matriz é rígida, sem meio para a passagem de substâncias, a nutrição das células se dá por pequenos canais (canalículos).

O tecido conjuntivo ósseo é recoberto por tecido conjuntivo denso, bastante vascularizado, internamente (endósteo), e externamente (periósteo). São os vasos sanguíneos do endósteo e do periósteo que entram pelos canalículos da matriz.

É composta por 65% de minerais (cálcio, fósforo) e por 35% de fibras colágenas.

Osteoblastos, osteócitos e osteoclastos são as células típicas do tecido conjuntivo ósseo. Osteoblastos são células com alta atividade metabólica, sintetizando as fibras colágenas tipo I. Osteócitos são células mais maduras com menor atividade metabólica, mas que atuam na manutenção dos constituintes da matriz. Já os osteoclastos são células móveis e gigantes, formados pela fusão de monócitos do sangue, digerem a parte orgânica da matriz, por meio de enzimas, propiciando a liberação dos minerais para o sangue. Dessa forma, os osteoclastos atuam na remodelação e na regeneração do tecido.

Macroscopicamente, é possível observar diferenças na distribuição do tecido, apesar da composição ser a mesma. O osso esponjoso – presente nas epífises dos ossos longos – é repleto de cavidades, e o osso compacto não

– presente na diáfise. Inclusive, na diáfise dos ossos longos há o canal medular, ocupado pela medula óssea. A medula óssea vermelha é hematógena, isto é, fabrica células sanguíneas, sendo predominante na infância. A medula óssea amarela é composta por tecido conjuntivo adiposo.

Histologicamente, há diferenças entre dois tipos de tecido ósseo: primário e secundário. Primário porque é sempre o primeiro tecido a ser formado, como no feto, e na síntese de novo tecido. No tecido ósseo primário (imaturo) há fibras de colágeno sem orientação definida, e o teor de minerais é menor. Já o tecido ósseo secundário (maduro) contém fibras de colágeno e osteócitos bem-organizados em camadas concêntricas em torno dos canalículos da matriz extracelular. Essa organização forma os sistemas de Havers. A comunicação desses sistemas entre si e com as superfícies internas e externas do tecido é feita pelos canais de Volkmann.

São processos relacionados com a formação dos ossos: a ossificação intramembranosa e a ossificação endocondral. Na primeira, que origina os ossos chatos (como os ossos do crânio), os centros de ossificação se desenvolvem a partir de uma membrana conjuntiva. Centro de ossificação primária é o nome dado à região da membrana conjuntiva onde se inicia a ossificação. Na ossificação endocondral, que origina os ossos longos, discos epifisários de cartilagem, nas extremidades dos ossos, formam centros de ossificação. Na verdade, o tecido ósseo se forma em um molde de cartilagem hialina epifisária (disco epifisário).

O tecido conjuntivo ósseo tem alta capacidade de reconstrução, pode ser remodelado, apesar de sua resistência. Nos casos de fratura óssea, há lesão dos vasos sanguíneos, do endósteo e do periósteo, morte de osteócitos e destruição da matriz. Os macrófagos removerão os coágulos e os restos de células e da matriz. As células do endósteo e do periósteo se proliferam, inclusive em células osteogênicas, que sintetizarão tecido ósseo primário, que formará o calo ósseo. Esse calo ósseo é remodelado por osteoclastos e substituído por tecido ósseo secundário.

Figura 34 – TECIDO CONJUNTIVO ÓSSEO

- OSTEÓCITO
- PARTE ORGÂNICA DA MATRIZ
- OSTEOBLASTO
- OSTEOCLASTO
- PERIÓSTEO

OSSO DE COELHO

- SISTEMA DE HAVERS
- CANAL DE VOLKMANN
- CANAL DE HAVERS

OSSO DE COELHO

Fonte: Fotos F: SWARÇA, A.C.; VICTORIANO, E.; NAKAGAWA, C.M.C.; PEREIRA, C. B.; LIMA, C.B.B. Tecido ósseo. *In*: ANDRADE, F.G., FERRARI. O.; (Org.). *Atlas digital de histologia básica*. Londrina: UEL, 2014. *E-book*.

Você pode acessar a lâmina "Tecido Conjuntivo Ósseo" no QR code:

Confira o vídeo sobre tecido conjuntivo ósseo no QR code:

ASSUNTOS CORRELATOS:
Crescimento / Osteoporose / Estrogênio / Calcitonina / Paratormônio

12.10 TECIDO CONJUNTIVO CARTILAGINOSO

> PALAVRAS-CHAVE: condroblasto – condrócito – pericôndrio – cartilagem hialina – cartilagem elástica – cartilagem fibrosa

O tecido conjuntivo cartilaginoso tem função de sustentação, como nas orelhas e no nariz, e função de revestimento, amortecimento de choques mecânicos, facilitando os movimentos, como nas superfícies das articulações.

É um tecido resistente e flexível, pois sua matriz é rica em fibras colágenas e elásticas, fabricadas por suas células típicas – os condroblastos e os condrócitos (estas com menor atividade metabólica). Na matriz extracelular há lacunas ocupadas por estas células. Numa lacuna pode haver mais de um condrócito. Um grupo de células em uma lacuna denomina-se grupo isógeno. Os condrócitos fabricam e renovam o colágeno.

Não dispõe de vasos sanguíneos, nem linfáticos nem nervos e, então, os nutrientes chegam pelos vasos sanguíneos presentes no tecido conjuntivo que envolve as cartilagens, chamado de pericôndrio. Por essa limitação de irrigação, o tecido conjuntivo cartilaginoso é muito sujeito a processos degenerativos. Quando sofrem lesão, regeneram-se com dificuldade, podendo até ser substituída por uma cicatriz de tecido conjuntivo denso. Importante destacar que as cartilagens articulares e os discos intervertebrais não são envolvidos pelo pericôndrio.

Dependendo da presença e da proporção das fibras, têm-se os tipos de cartilagem: hialina, elástica e fibrosa.

A cartilagem hialina, a mais comum no organismo, apresenta quantidade moderada de fibras colágenas tipo II, sendo branca. Exemplos: fossas nasais, extremidades das costelas, anéis da traqueia e dos brônquios. Constitui também os discos epifisários relacionados ao crescimento dos ossos longos.

No feto, o esqueleto é formado por cartilagem hialina. Posteriormente será substituído por tecido conjuntivo ósseo.

A cartilagem elástica conta com grande quantidade de fibras elásticas, além de fibras de colágeno tipo II. Exemplos: pavilhão auditivo, epiglote. Dispõe de pericôndrio e acaba sendo menos vulnerável à degeneração.

A cartilagem fibrosa, ou fibrocartilagem, é super rica em fibras colágenas tipo I, sendo bem resistente à tensão. Exemplos: sínfise pubiana, inserção de tendões e ligamentos nos ossos, discos intervertebrais. Os discos intervertebrais são coxins que evitam o desgaste das vértebras.

Figura 35 – TECIDO CONJUNTIVO CARTILAGINOSO

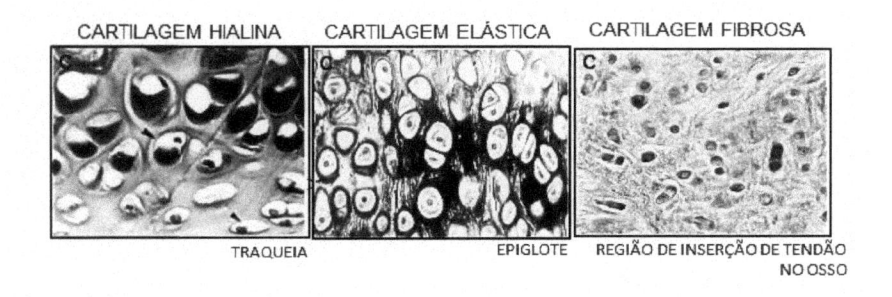

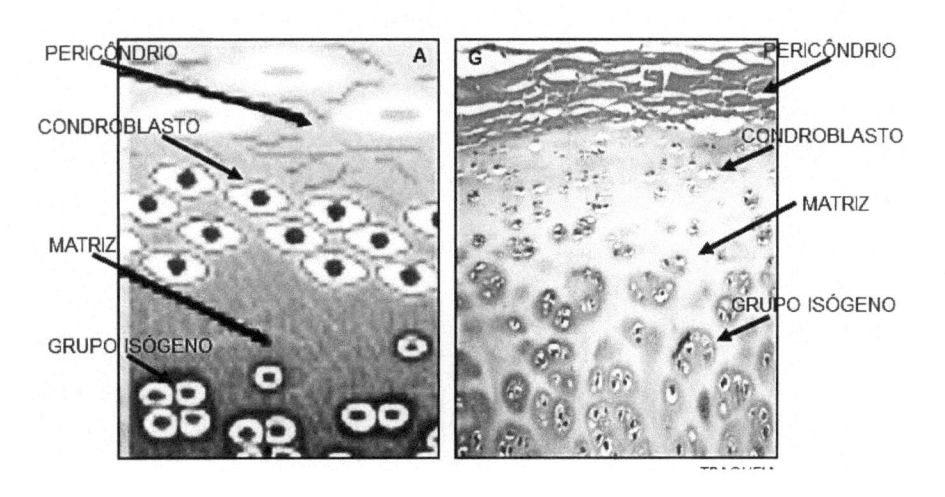

Fonte: Desenhos – A: SOUZA, D.S.; MEDRADO, L.; GITIRANA, L.B. Histologia. *In*: MOLINARO, E.M., CAPUTO, L.F.G.; AMENDOEIRA, M.R.R. (Org.). *Conceitos e métodos para a formação de profissionais em laboratórios de saúde: volume 2*. Rio de Janeiro: EPSJV; IOC, 2010.

Fotos C: MONTANARI, T. *Atlas digital de biologia celular e tecidual* [recurso eletrônico] / Tatiana Montanari. - Porto Alegre: Edição da Autora, 2016.

Fotos G: LEVY, S.M.; FERRARI, O.; GOMEDI, C.; ARAÚJO, C.A.M.; DALLAZEN, E.; MANTOVANI, J.A.P. Tecido cartilaginoso. *In*: ANDRADE, F.G, FERRARI. O.; (Org.). *Atlas digital de histologia básica*. Londrina: UEL, 2014. *E-book*.

Você pode acessar a lâmina "Tecido Conjuntivo Cartilaginoso" no QR code:

Confira o vídeo sobre tecido conjuntivo cartilaginoso no QR CODE:

ASSUNTOS CORRELATOS:
Sistema Articular / Condromalácia / Hérnia de Disco

12.11 TECIDO CONJUNTIVO ADIPOSO

> PALAVRAS-CHAVE: adipócitos – lipídios – unilocular – multilocular

Ocorre ao redor de órgãos e sob a pele. A matriz extracelular é reduzida e suas células típicas são os adipócitos, que armazenam lipídios. O tecido conjuntivo adiposo localiza-se embaixo da pele, modelando a superfície, determinando as diferenças no contorno dos corpos feminino e masculino. Corresponde de 20 a 25% do peso corporal de mulheres e de 15 a 20% nos homens, e é muito influenciado por estímulos nervosos e hormonais, como o hormônio do crescimento, hormônios tireoidianos, glicocorticóides, insulina e prolactina.

Suas principais funções são: proteção contrachoques mecânicos, isolamento térmico, preenchimento de espaços, manutenção dos órgãos em suas posições e reserva de energia. Constitui o maior depósito de energia do organismo, sob a forma de triglicerídeos. Estes se renovam continuamente e advêm da alimentação, do fígado e da síntese pelos próprios adipócitos.

Há dois tipos: tecido adiposo unilocular e tecido adiposo multilocular.

O tecido adiposo unilocular é branco ou amarelo. Os adipócitos contêm uma gotícula de gordura que ocupa quase todo o citoplasma. Esse tecido é invadido por septos de conjuntivo, que além de dar sustentação, contém vasos sanguíneos e nervos.

Nos adultos, todo o tecido conjuntivo adiposo é unilocular, acumulando-se em determinados locais dependendo da idade e do sexo.

O indivíduo engorda quando ocorre deposição de lipídios nos adipócitos já existentes. No emagrecimento, os adipócitos perdem sua gordura. Os adipócitos não se dividem.

O tecido adiposo multilocular é pardo, está presente somente em determinadas áreas no feto e no recém-nascido e em pouquíssima quantidade nos adultos. É direcionado para a produção de calor, fundamental na termorregulação do recém-nascido e nos animais que hibernam. Não há nova formação deste tecido após o nascimento. Os tecidos adiposos – unilocular e multilocular – não se convertem entre eles e em nenhum tipo de tecido

Figura 36 – TECIDO CONJUNTIVO ADIPOSO

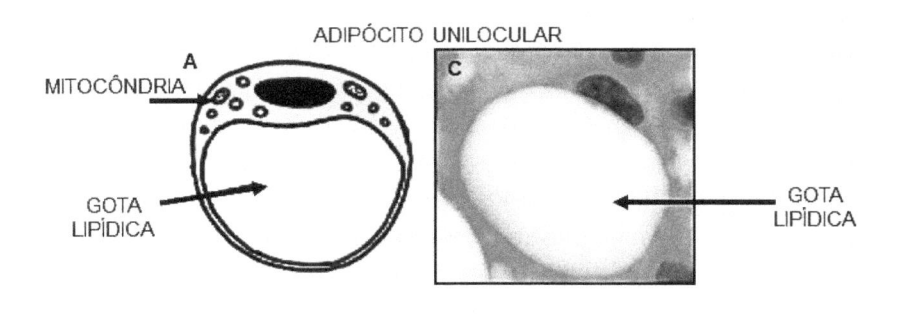

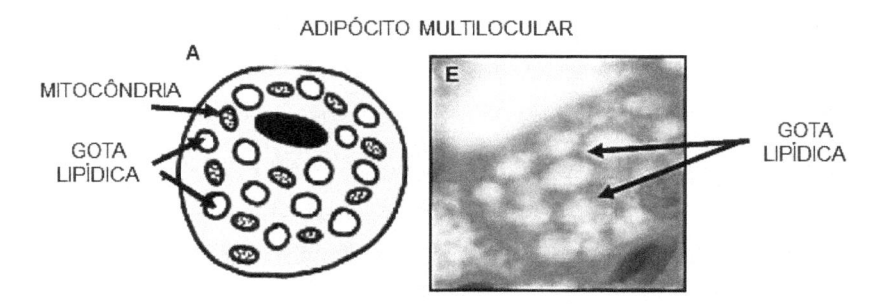

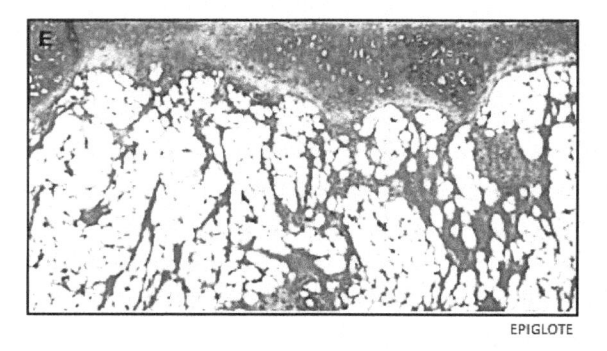

Fonte: Desenhos – A: SOUZA, D.S.; MEDRADO, L.; GITIRANA, L.B. Histologia. In: MOLINARO, E.M., CAPUTO, L.F.G.; AMENDOEIRA, M.R.R. (Org.). *Conceitos e métodos para a formação de profissionais em laboratórios de saúde: volume 2*. Rio de Janeiro: EPSJV; IOC, 2010.
Fotos C: MONTANARI, T. *Atlas digital de biologia celular e tecidual* [recurso eletrônico] / Tatiana Montanari. Porto Alegre: Edição da Autora, 2016.
Fotos E: NETO, J.M.; ARAÚJO, E.J.A.; ZUCOLOTO, A.Z.; MANCHOPE, M.F.; MATSUBARA, N.K; VIEIRA, N.A. Tecido conjuntivo: fibras, variedades, tecido adiposo. In: ANDRADE, F.G., FERRARI. O.; (Org.). *Atlas digital de histologia básica*. Londrina: UEL, 2014. *E-book*.

Você pode acessar a lâmina "Tecido Conjuntivo Adiposo no QR code:

Confira o vídeo sobre tecido conjuntivo adiposo no QR code:

ASSUNTOS CORRELATOS:
Sobrepeso / Obesidade / Dislipidemias

12.12 TECIDO CONJUNTIVO SANGUÍNEO

> PALAVRAS-CHAVE: plasma – elementos figurados – albumina – hemácia – hemoglobina – leucócito – neutrófilo – eosinófilo – basófilo – linfócito B – linfócito T – monócito – megacariócito – plaqueta

O sangue é um tecido fluido, pois sua matriz extracelular é constituída de parte líquida – o plasma – onde estão os elementos figurados representados por células (hemácias, leucócitos) e fragmentos de células (plaquetas).

O plasma contém 7% de proteínas, 0,9% de sais inorgânicos e 2,1% de outros compostos. Incluindo aminoácidos, vitaminas, hormônios, imunoglobulinas (anticorpos) e lipoproteínas. Albumina é a proteína predominante e relaciona-se com a manutenção da pressão osmótica sanguínea

As hemácias (eritrócitos ou glóbulos vermelhos) compõe de 42 a 47% do volume sanguíneo. São arredondadas e com aspecto bicôncavo: formato flexível para passar pelos capilares e superfície propícia para as trocas gasosas. Contêm moléculas de hemoglobina (proteína) para o transporte de oxigênio. As hemácias se originam na medula óssea, e quando passam para o sangue perdem o núcleo. Elas não se dividem mais enquanto anucleadas, perdendo sua função em média de 120 dias, sendo, então, destruídas por macrófagos no baço. A hemoglobina é eliminada pelo fígado como um dos componentes da bile.

Os leucócitos (glóbulos brancos) compõe 1% do volume sanguíneo e estão relacionados com a defesa contra microrganismos invasores e com o controle dos processos inflamatórios. São classificados em dois grupos: os granulócitos e os agranulócitos.

Os granulócitos apresentam núcleo de formato irregular e grânulos no citoplasma, compreendendo os neutrófilos, os eosinófilos e os basófilos.

Os neutrófilos apresentam núcleo trilobulado, com função de fagocitar microrganismos invasores, constituindo a primeira linha de defesa do organismo. São os leucócitos mais numerosos na corrente sanguínea. Nas regiões invadidas por microrganismos, células locais liberam substâncias quimiotáticas que atraem neutrófilos. Neutrófilos jovens ainda não têm o núcleo lobulado, mas em forma de bastão, sendo chamados de bastonetes.

Os eosinófilos apresentam núcleo bilobulado, com função de fagocitose também. Estão aumentados em casos de parasitoses e doenças alérgicas.

Os basófilos contêm grânulos de heparina e histamina, substâncias mediadoras de processos alérgicos.

Os agranulócitos apresentam núcleo de formato regular e os grânulos estão ausentes. São os linfócitos e monócitos.

Os linfócitos apresentam um núcleo que ocupa quase toda a célula. Os linfócitos B produzem anticorpos. Os linfócitos T eliminam células infectadas.

Os monócitos apresentam núcleo em formato de rim e trabalham fagocitam microrganismos invasores e restos celulares. Quando atravessam para os tecidos conjuntivos, passam a ser os macrófagos, ainda com essa função de fagocitose.

As plaquetas são fragmentos anucleados de células chamadas megacariócitos e atuam na formação de coágulos, com papel na interrupção de sangramentos.

Quando um vaso sanguíneo é lesado, as plaquetas liberam uma enzima chamada tromboplastina, que transforma a protrombina em trombina. A trombina é uma enzima que que transforma o fibrinogênio em fibrina, uma rede que retem células, formando um coágulo, o qual interrompe o sangramento.

O tecido hematopoiético, ou tecido mieloide, localiza-se na medula óssea e realiza a hematopoese (produção de células sanguíneas). A célula-tronco hematopoiética pluripotente passa por mitoses sucessivas, e as células-filhas diferenciam-se em uma determinada célula sanguínea ou até mesmo em outros tipos celulares. A medula óssea localiza-se no canal medular dos ossos longos e nas cavidades dos ossos esponjosos. No recém-nascido, a medula óssea é vermelha, e origina grande número de hemácias. Com o avanço da idade, a maior parte da medula não é mais ativa e torna-se rica em células adiposas, constituindo a medula óssea amarela. Na idade adulta, o canal medular dos ossos longos tem somente medula óssea amarela. A medula óssea vermelha continua presente e ativa nos ossos do crânio, clavículas, vértebras, costelas, esterno e na pelve.

Figura 37 – TECIDO CONJUNTIVO SANGUÍNEO

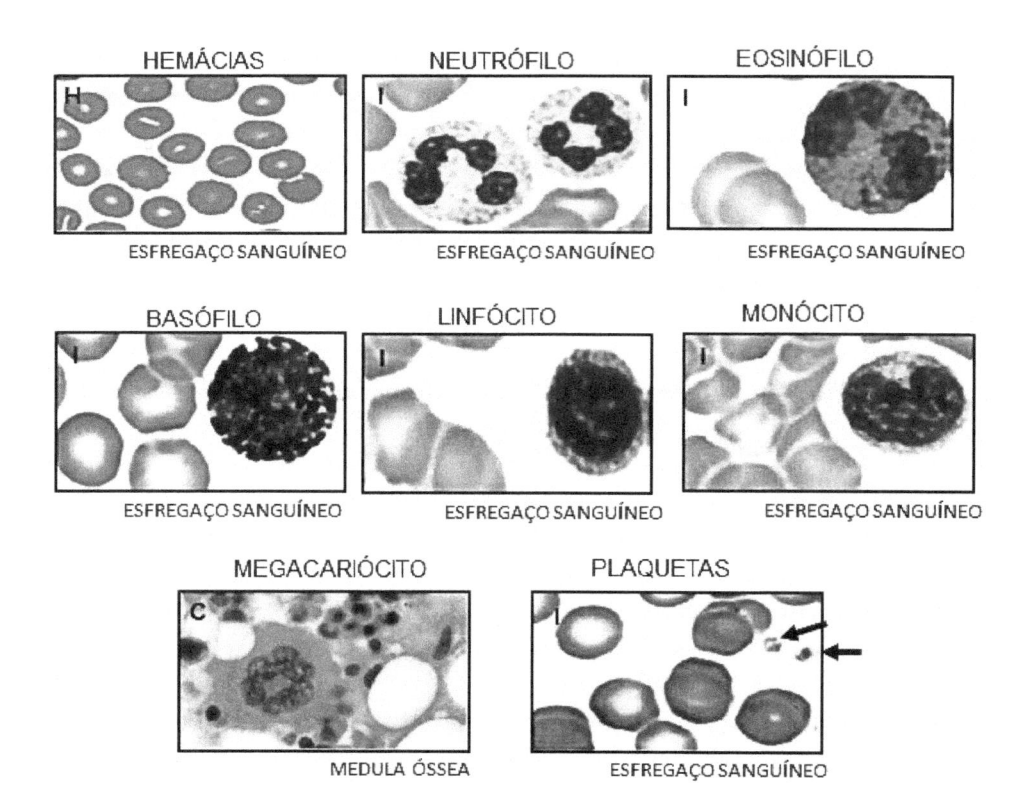

TECIDO MIELOIDE

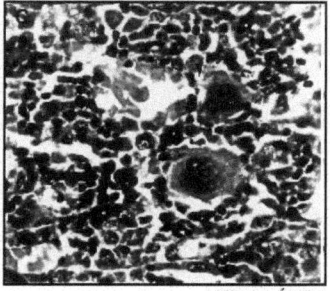

MEDULA ÓSSEA

Fonte: Fotos C: MONTANARI, T. *Atlas digital de biologia celular e tecidual* [recurso eletrônico] / Tatiana Montanari. Porto Alegre: Edição da Autora, 2016.

Fotos H: NETO, J.M.; ARAÚJO, E.J.A. Histologia. *In*: ARAUJO, E.J.A.; ANDRADE, F.G.; NETO, J.M. (Org.). *Atlas de microscopia para a educação básica*. Londrina: Kan, 2014.

Fotos I: ANDRADE, F.G.; FERRARI, O.; PAULA, K.V.A.; LIMA, V.T.; SILVA, R.B.O.L. Sangue. *In*: ANDRADE, F.G., FERRARI. O.; (Org.). *Atlas digital de histologia básica*. Londrina: UEL, 2014. *E-book*.

Você pode acessar a lâmina "Tecido Conjuntivo Sanguíneo" no QR code:

Confira o vídeo sobre tecido conjuntivo sanguíneo no QR code:

| **ASSUNTOS CORRELATOS:**
Hemorragia / Sistema Complemento / Inflamação / Tipos Sanguíneos

12.13 TECIDO MUSCULAR

> PALAVRAS-CHAVE: contração – actina – miosina – tropomiosina – troponina – sarcolema – retículo sarcoplasmático – sarcossoma – mioglobina – placa motora – ATP – fosfocreatina – fermentação láctica – respiração aeróbica – discos intercalares

O tecido muscular, originado do mesoderma, tem as propriedades específicas de contração e relaxamento, essenciais para os movimentos (voluntários e involuntários) e a locomoção. Há três tipos de tecido muscular: estriado esquelético, estriado cardíaco e liso.

São características do tecido muscular: as células típicas são células alongadas denominadas miócitos ou fibras musculares, com capacidade de contração, diminuindo seu comprimento.

Para a contração acontecer, há o protagonismo de dois filamentos proteicos – as miofibrilas – no citoplasma das células: actina, miosina, tropomiosina e troponina. Estas miofibrilas atuam conjuntamente no processo de contração. A membrana plasmática é chamada de sarcolema; o citoplasma é o sarcoplasma; o retículo endoplasmático é o retículo sarcoplasmático e as mitocôndrias são sarcossomas. No sarcoplasma está a mioglobina (um pigmento similar à hemoglobina), que é um depósito de oxigênio. Sua cor vermelho-escura caracteriza as fibras musculares vermelhas (fibras tipo I) de músculos que se mantêm ativos por períodos longos, por meio de contrações lentas e continuadas. As fibras musculares brancas (fibras tipo II) têm baixa taxa de mioglobina, com contrações rápidas e curtas.

O tecido muscular estriado esquelético está presente nos músculos ligados aos ossos, com contração voluntária, rápida e vigorosa. A fibra muscular esquelética é cilíndrica, alongada e multinucleada, contendo unidades funcionais contráteis chamadas de sarcômeros. Cada sarcômero contém miofibrilas, cuja distribuição definem áreas mais claras e escuras, que caracterizam as estrias transversais.

O tecido esquelético é revestido por membranas de tecido conjuntivo: o endomísio (reveste cada fibra muscular), o perimísio (reveste cada feixe de fibra muscular) e o epimísio (reveste os feixes de fibras musculares). Essas membranas de tecido conjuntivo mantêm as fibras musculares unidas, em que a força de contração atua no músculo inteiro, e transmite essa força de contração aos ossos, ligamentos e tendões. Septos nessas membranas permitem a passagem de vasos sanguíneos.

Cada fibra muscular recebe uma terminação nervosa denominada placa motora, pela qual estímulo do impulso nervoso chega ao músculo, com a liberação do neurotransmissor acetilcolina. Daí há a alteração da permeabilidade das membranas da fibra muscular, provocando a liberação de íons cálcio. São estes íons cálcio que promovem a interação entre actina e miosina, fazendo com que o sarcômero se contraia. A acetilcolina é degradada pela acetilcolinesterase.

Para que tudo aconteça, há quebra de ATP com liberação de energia, necessária para a contração. A energia para o trabalho muscular é obtida tanto a partir da reserva de ATP, como também de reservas de fosfocreatina e de processos como a fermentação láctica e a respiração aeróbica. A primeira fonte a ser utilizada é a reserva de ATP e, em seguida, conforme a necessidade, a reserva de fosfocreatina é recrutada. ATP e fosfocreatina são reservas prontas para serem usadas. Na respiração aeróbica, com o suprimento de aportes de oxigênio, a glicose é degradada em gás carbônico e água, e ATP é formado. Nesse caso, os ácidos graxos do tecido adiposo também podem ser degradados por respiração aeróbica, inclusive em repouso. Quando persiste a demanda energética no tecido e o oxigênio é insuficiente para manter a respiração aeróbica, passa a ser degradado de forma anaeróbica (glicólise) o glicogênio (armazenado nas próprias fibras musculares). A glicose degradada produz lactato, que no sangue é convertido em piruvato. O piruvato passa pelo fígado, que o converte em glicose.

O exercício aumenta o músculo esquelético, uma vez que novas miofibrilas são formadas e, consequentemente, aumentam o diâmetro das fibras musculares, que é denominado como hipertrofia. O tecido muscular estriado esquelético se regenera parcialmente após uma lesão.

O tecido muscular estriado cardíaco estrutura o miocárdio. Os discos intercalares conectam as fibras musculares estriadas, com até dois núcleos. É por causa dos discos intercalares, que permitem a passagem de íons, que as fibras trabalham de forma sincicial. Isso quer dizer que trabalham juntas, como se fossem uma só. As fibras são revestidas por uma membrana de tecido conjuntivo bem delicada. Abaixo dessa membrana, há uma rede de células cardíacas modificadas com função de geração e condução do estímulo cardíaco, uma vez que o miocárdio é munido de um sistema próprio de autoestimulação, mas também recebe inervação do sistema nervoso simpático e parassimpático. A contração caracteriza-se por ser involuntária, rápida, vigorosa e ritmada.

Como as fibras do miocárdio perderam a capacidade de divisão mitótica, o tecido muscular estriado cardíaco não se regenera após uma lesão, que é substituída por tecido conjuntivo (cicatriz).

O tecido muscular liso, presente no tubo digestório e nos vasos sanguíneos, contrai de forma involuntária e lentamente. Também estão na próstata, nas vesículas seminais, no escroto e nos mamilos. As fibras musculares são fusiformes, contêm somente um núcleo e sem estrias transversais. Responsáveis pelo peristaltismo e pela contração das artérias. Fabricam também colágeno tipo III e fibras elásticas. Recebem fibras do sistema nervoso simpático e parassimpático, reagindo aos neurotransmissores noradrenalina e acetilcolina. Após uma lesão, o tecido muscular liso regenera-se com facilidade, por meio de mitoses.

Figura 38 – TECIDO MUSCULAR

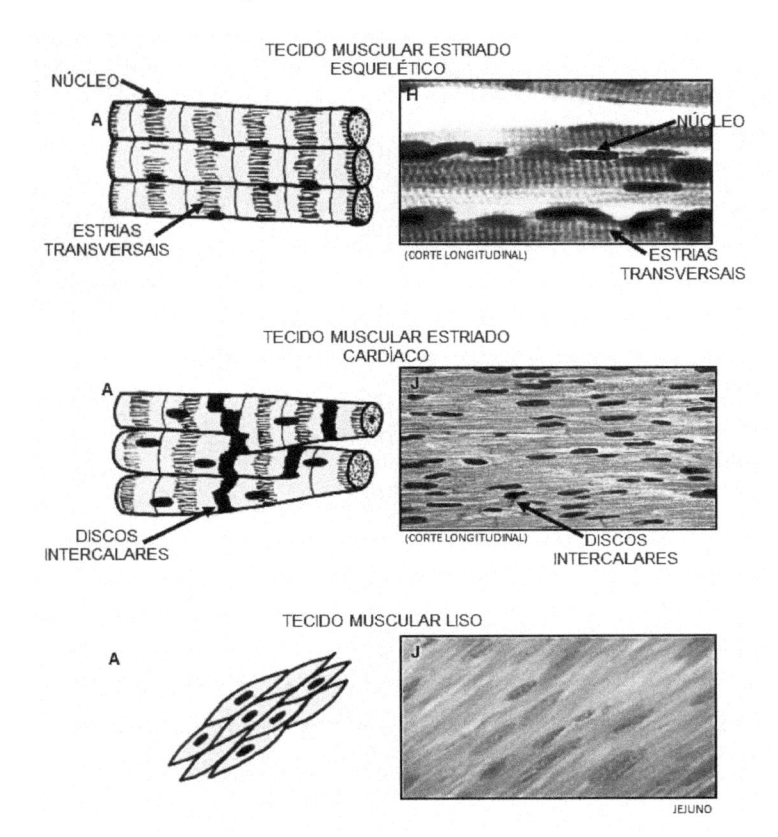

Fonte: Desenhos – A: SOUZA, D.S.; MEDRADO, L.; GITIRANA, L.B. Histologia. *In:* MOLINARO, E.M., CAPUTO, L.F.G.; AMENDOEIRA, M.R.R. (Org.). *Conceitos e métodos para a formação de profissionais em laboratórios de saúde:* volume 2. Rio de Janeiro: EPSJV; IOC, 2010.

Fotos H: NETO, J.M.; ARAÚJO, E.J.A. histologia. *In:* ARAUJO, E.J.A.; ANDRADE, F.G.; NETO, J.M. (Org.). *Atlas de microscopia para a educação básica.* Londrina: Kan, 2014.

Fotos J: FALLEIROS, A.M.F.; LASSANCE, F.P.; ADAMCZIK, G.C.; KUSSANO, M.S. Tecido muscular. *In:* ANDRADE, F.G., FERRARI. O.; (Org.). *Atlas digital de histologia básica.* Londrina: UEL, 2014. E-book.

Você pode acessar a lâmina "Tecido Muscular" no QR code:

Confira o vídeo sobre tecido muscular no QR code:

ASSUNTOS CORRELATOS:
Atrofia / Hipertrofia / Fadiga Muscular

12.14 TECIDO NERVOSO

> **PALAVRAS-CHAVE:** neurônios – gliócitos – sinapse – vesículas sinápticas – neurotransmissores – bainha de mielina – astrócitos – oligodendrócitos – microgliócitos – células de Schwann – pia-máter – aracnoide – dura-máter

O tecido nervoso, de origem ectodérmica, constitui os órgãos do sistema nervoso – central e periférico – integrando e coordenando os demais sistemas.

São características do tecido nervoso: praticamente não existe matriz extracelular. Neurônios e gliócitos são as células típicas. Os neurônios são capazes de receber impulsos nervosos, que são sinais elétricos por meio dos quais informações são captadas e conduzidas. Apresentam três partes: corpo celular (é o centro metabólico da célula, contém o núcleo e as organelas), dendritos (ramificações do corpo celular especializados em receber estímulos) e axônios (prolongamento longo do citoplasma com ramificações em sua porção final, com função de transmissão de impulsos nervosos para outros neurônios ou outras células). Na porção terminal dos axônios estão as vesículas sinápticas que contêm mediadores químicos – os neurotransmissores – que influenciam a transmissão dos impulsos nervosos. As funções do sistema nervoso dependem da produção desses neurotransmissores. Macroscopicamente é possível observar a substância cinzenta e a substância branca. Na substância cinzenta estão os corpos celulares dos neurônios, e na branca, os axônios.

Os axônios envolvidos pela bainha de mielina denominam-se fibras nervosas mielinizadas. A bainha de mielina tem composição lipoproteica, sendo múltiplas dobras de membranas celulares de oligodendrócitos ou células de Schwann. Tem a função de isolante elétrico, impedindo a dispersão dos sinais elétricos. Mas essa bainha não é contínua: interrupções em sua continuidade constituem nos nós neurofibrosos (ou nódulos de Ranvier), pelos quais o impulso salta. Por isso, a condução dos impulsos nervosos é saltatória. Quando um axônio é envolvido por uma única dobra de oligodendrócitos, denomina-se fibras nervosas amielínicas. Nervo é um conjunto de feixes de fibras nervosas mielinizadas, unidos por tecido conjuntivo denso. E é uma via de comunicação entre o SNC, órgãos dos sentidos e as estruturas efetoras. Há certos nervos que têm fibras mielínicas e amielínicas.

Dependendo do papel que exerce o neurônio pode ser: aferente (sensorial, recebendo informações e conduzindo para o SNC); eferente (motor, conduzindo informações para órgãos efetores – glândulas e músculos); associativos (conectando neurônios).

Assim, os nervos que têm somente fibras aferentes são nervos sensitivos, levando informações do interior do corpo e do ambiente para o SNC. Os nervos motores têm somente fibras eferentes, que levam comandos do SNC para órgãos efetores. E há também nervos mistos.

A região de ligação entre dois neurônios denomina-se sinapse. Um neurônio chega a ter milhares de sinapses com diversos neurônios. Na maioria das sinapses há mediadores químicos – os neurotransmissores – que participam da transmissão dos impulsos nervosos. Um neurônio pré-sináptico libera neurotransmissor no espaço entre neurônios – fenda sináptica – que é captado pelo neurônio pós-sináptico, inibindo ou estimulando a transmissão do impulso nervoso. Noradrenalina, acetilcolina, serotonina, dopamina, glutamato e ácido gamaminobutírico (GABA) são exemplos de neurotransmissores. Os neurônios não se dividem, e se regeneram com dificuldade.

Os neurônios têm formas variáveis: os neurônios multipolares têm mais de dois prolongamentos celulares, sendo os mais comuns; os neurônios bipolares têm um dendrito e um axônio, encontrados na retina e na mucosa olfatória; e os neurônios pseudounipolares têm um prolongamento único que se divide em dois, presentes nos gânglios espinhais.

Neurônios que se agregam fora do SNC formam os gânglios nervosos, que são esféricos e revestidos por cápsulas de tecido conjuntivo denso. Há gânglios cerebroespinhais, que são sensitivos, ligados a nervos cranianos e espinhais. E há gânglios do sistema nervoso autônomo, ligados a nervos simpáticos e parassimpáticos.

Os gliócitos (ou células da glia) sustentam, nutrem e protegem os neurônios. Compreendem os astrócitos, oligodendrócitos, microgliócitos e células de Schwann. Os astrócitos nutrem os neurônios e facilitam a transmissão das informações. Os oligodendrócitos sintetizam a bainha de mielina, que envolve os axônios, no SNC. Já as células de Schwann sintetizam a bainha de mielina no SNP. Os microgliócitos são macrofágicos, semelhantes aos macrófagos do sistema conjuntivo, e agem na defesa dos neurônios.

O impulso nervoso se propaga sempre no sentido dos dendritos, para o corpo celular, e para o axônio. A condução do impulso nervoso pelo axônio tem relação com a atividade da membrana plasmática: a ação da bomba de sódio e potássio inverte as cargas elétricas nas superfícies interna e externa da membrana, e daí o impulso nervoso passa.

O sistema nervoso central é envolvido por três membranas de tecido conjuntivo: as meninges. De fora para dentro são elas: pia-máter, aracnoide e dura-máter. A pia-máter é vascularizada, e os vasos sanguíneos penetram no tecido nervoso por túneis revestidos por pia-máter. Dobras da pia-máter, formando saliências para o interior dos ventrículos cerebrais, formam os plexos coroides, cujas células secretam continuamente o líquido cefalorraquidiano, que protege o SNC e é importante para o seu metabolismo. A aracnoide tem duas faces, uma ligada à pia-máter, e a outra em contato com a dura-máter. Não contém vasos sanguíneos. E a dura-máter é constituída por tecido conjuntivo denso contínuo com o periósteo da caixa craniana.

A barreira hematoencefálica é, na verdade, uma barreira funcional, onde os capilares sanguíneos do tecido nervoso têm a característica de serem menos permeáveis, dificultando a passagem de certas substâncias do sangue.

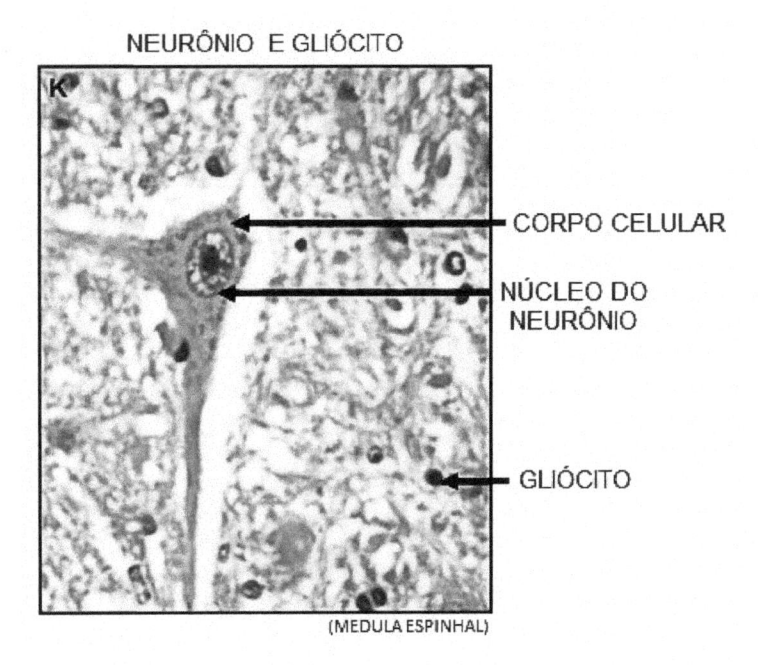

Figura 39 – TECIDO NERVOSO

ASTRÓCITOS　　　　　OLIGODENDRÓCITOS

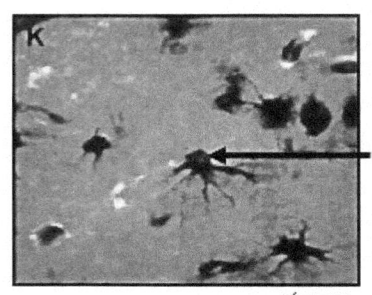

CÉREBRO　　　　　　CÉREBRO

FIBRAS NERVOSAS

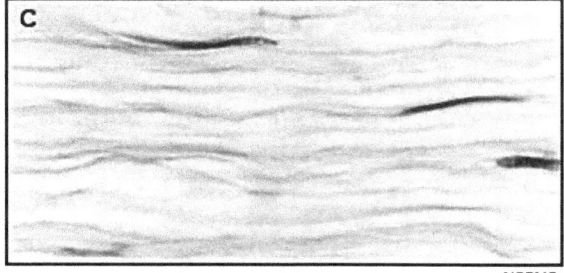

NERVO

Fonte: Fotos C: MONTANARI, T. *Atlas digital de biologia celular e tecidual* [recurso eletrônico] / Tatiana Montanari. Porto Alegre: Edição da Autora, 2016.
Fotos K: LASSANCE, F.P.; FALLEIROS, A.M.F.; ANDRADE, F.G.; PEREIRA, E.P.; STEINLE, E.C. Tecido nervoso: neurônio e células da glia ou da neuroglia. *In*: ANDRADE, F.G., FERRARI. O.; (Org.). *Atlas digital de histologia básica*. Londrina: UEL, 2014. *E-book*.

Você pode acessar as lâminas "Tecido Nervoso" no QR code:

Confira o vídeo sobre tecido nervoso no QR code:

ASSUNTOS CORRELATOS:
Percepção / Sistema Sensorial / Sistema Endócrino

Capítulo 13:

HISTOLOGIA VEGETAL

> PALAVRAS-CHAVE: sistema dérmico – sistema vascular – sistema fundamental – parede celular – hemicelulose – celulose – seiva

Os tecidos vegetais, responsáveis por formar o corpo da planta, são associação de células que formam unidades morfofuncionais. Estão organizados em três sistemas: sistema dérmico, sistema vascular e sistema fundamental.

O sistema dérmico é o mais externo. Compreende a epiderme e a periderme.

O sistema vascular que permite a condução de substâncias pelo corpo da planta, composto por dois tipos de tecido o xilema e o floema.

No corpo da planta, se observa a presença do sistema vascular sendo envolvido pelo sistema fundamental, o qual é envolvido pelo sistema dérmico, que reveste todo o corpo da planta. O sistema fundamental está relacionado com várias funções, como preenchimento, reserva, sustentação e realização de fotossíntese. É formado por três tipos de tecidos fundamentais: o parênquima, o colênquima e o esclerênquima.

Os tecidos vegetais simples são constituídos por apenas um tipo de célula, por exemplo: parênquima, o colênquima e o esclerênquima. E os tecidos vegetais complexos são formados por dois ou mais tipos celulares. Exemplos: epiderme, o xilema e o floema.

13.1 TECIDOS VEGETAIS SIMPLES

Parênquima: tecido mais abundante nos vegetais adultos. Formado por células vivas e pouco especializadas, com parede celular primária, e constituída por hemicelulose e celulose. Responsável por funções vegetativas importantes, como fotossíntese, respiração, secreção, excreção e armazenamento de substâncias de reserva. Os vacúolos são ricos em substâncias de reserva. O parênquima é munido de capacidade de retomar sua atividade meristemática, sendo importante, em processos como cicatrização e regeneração.

Colênquima: tecido de sustentação, como um esqueleto do corpo vegetal. Presente nos caules jovens (verdes) e nas nervuras mais desenvolvidas das folhas, não sendo encontrado em raízes. Contém células vivas com paredes celulares espessas não lignificadas. Também pode retomar a atividade meristemática. Ele é um tecido relacionado com a sustentação do corpo da planta, em especial, a sustentação de órgãos jovens em crescimento.

Esclerênquima: constituída de células mortas, com intensa lignificação nas suas membranas. É um tecido relacionado com a sustentação. Dois tipos de células podem ocorrer: as fibras e as esclereídes. As fibras são células alongadas, e as esclereídes são pétreas, ocorrendo em frutos como a pera, forma regiões pedradas de banana maçã, forma o caroço de frutos como pêssego, azeitona etc.

13.2 TECIDOS VEGETAIS COMPLEXOS

Epiderme: tecido vegetal geralmente em uma única camada de células justapostas, que reveste externamente o corpo das plantas, conferindo proteção. As células desse tecido são vivas, sem cloroplastos, com vários estômatos (relacionados com as trocas gasosas), vacuoladas, e podem conter diversas substâncias, como pigmentos. A epiderme exerce várias funções importantes como: proteção contra a transpiração e ferimentos; absorção; trocas gasosas; secreção e excreção.

Periderme: substituição à epiderme em plantas com crescimento secundário. É formada pelo súber (tecido morto, que geralmente substitui a epiderme nas plantas com crescimento em espessura).

Xilema: formado por vários tipos de células relacionadas com a condução, o suporte mecânico e o armazenamento de substâncias de reserva, isto é, com função garantir o transporte de água e solutos, a chamada seiva bruta. Os vasos lenhosos são compostos por células em fileiras, formando verdadeiros tubos longos e contínuos, percorrem todo o vegetal, desde a raiz até as folhas. Quando atingem o estado adulto, as células morrem, deixando o lúmen celular vazio por onde podem circular grandes quantidades de água e sais (seiva bruta).

Floema: tecido relacionado com a condução de substâncias orgânicas e inorgânicas em solução (seiva elaborada). Dotado de vários tipos celulares. Os vasos liberianos têm grande quantidade de poros, formando as chamadas placas crivadas (conjunto de poros).

Figura 40 – TECIDOS VEGETAIS

CÉLULA VEGETAL

CLOROPLASTOS

Aloe sp.

TECIDOS VEGETAIS

- EPIDERME
- COLÊNQUIMA
- PARÊNQUIMA
- ESCLERÊNQUIMA
- FLOEMA
- *CAMBIUM VASCULAR*
- XILEMA

Talo de *Rosa sp.* (corte transversal)

Fonte: Fotos C: MONTANARI, T. *Atlas digital de biologia celular e tecidual* [recurso eletrônico] / Tatiana Montanari. Porto Alegre: Edição da Autora, 2016.
Fotos L: CARVALHO, R. B. R. Botânica. *In*: ARAUJO, E.J.A.; ANDRADE, F.G.; NETO, J.M. (Org.). *Atlas de microscopia para a educação básica*. Londrina: Kan, 2014.
Fotos M: OTEGUI, M.B.; TOTARO, M.E. *Atlas de histología vegetal*. 1ª ed. Posadas: EDUNAM. Editorial Universitaria de la Univ. Nacional de Misiones, 2007.

Você pode acessar a lâmina "Tecidos Vegetais" no QR code:

Confira o vídeo sobre tecidos vegetais no QR code:

ASSUNTOS CORRELATOS:
Crescimento Vegetal / Fotossíntese / Feixes / Vasculares

REFERÊNCIAS

ALBERTS, B. et al. *Fundamentos da Biologia Celular*. Porto Alegre: Artmed, 2017.

ANDRADE, F. G.; FERRARI, O.; PAULA, K.V.A.; LIMA, V. T.; SILVA, R. B. O. L. Sangue. *In*: ANDRADE, F. G., FERRARI. O.; (Org.). *Atlas digital de histologia básica*. Londrina: UEL, 2014. E-book.

ARAÚJO, E. J. A.; ANDRADE, F. G.; NETO, J. M. *Atlas de Microscopia para a Educação Básica*. Londrina: Kan, 2014.

BARBOSA, H. S.; CORTE-REAL, S. Biologia celular e ultraestrutura. In: MOLINARO, E. M., CAPUTO, L. F. G.; AMENDOEIRA, M. R. R. (Org.). *Conceitos e métodos para a formação de profissionais em laboratórios de saúde*. v 2. Rio de Janeiro: EPSJV; IOC, 2010.

BISSOLI JUNIOR, A. W.; ANDRADE, J. S.; RIBEIRO, I.; ANDRADE, F. G.; FERRARI, O. Sistema Tegumentar. *In*: FERRARI. O.; ANDRADE, F. G. (Org.). *Atlas digital de histologia sistêmica*. 1ª ed. Londrina: Fabio Goulart de Andrade, 2020.

CARNEIRO, J. JUNQUEIRA, L. C. U. *Biologia Celular e Molecular*. Rio de Janeiro: Guanabara Koogan, 9ª edição, 2012.

CARVALHO, R. B. R. Botânica. *In*: ARAUJO, E. J. A.; ANDRADE, F. G.; NETO, J. M. (Org.). *Atlas de microscopia para a educação básica*. Londrina: Kan, 2014.

EXPERIMENTOTECA. Disponível em: https://experimentoteca.com.br/partes-microscopio-optico/.

FALLEIROS, A. M. F.; LASSANCE, F. P.; ADAMCZIK, G. C.; KUSSANO, M. S. Tecido muscular. *In*: ANDRADE, F. G., FERRARI. O.; (Org.). *Atlas digital de histologia básica*. Londrina: UEL, 2014. *E-book*.

FERRARI, O.; ANDRADE, F. G.; ALMEIDA F. C.; ANGELIM, L. G.; SILVA, M. O. Tecido epitelial de revestimento. *In*: ANDRADE, F. G., FERRARI. O.; (Org.). *Atlas digital de histologia básica*. Londrina: UEL, 2014. *E-book*.

JUNQUEIRA, L. C.; CARNEIRO, J. *Biologia Celular e Molecular*. Rio de Janeiro: Guanabara Koogan, 9ª ed., 2012.

JUNQUEIRA, L. C.; CARNEIRO, J. *Histologia Básica*. Rio de Janeiro: Guanabara Koogan, 14ª ed., 2023.

LASSANCE, F. P.; FALLEIROS, A. M. F.; ANDRADE, F. G.; PEREIRA, E. P.; STEINLE, E. C. Tecido nervoso: neurônio e células da glia ou da neuroglia. *In*: ANDRADE, F. G., FERRARI. O.; (Org.). *Atlas digital de histologia básica*. Londrina: UEL, 2014. *E-book*.

LAURENCE, J. *Biologia*. São Paulo: Nova Geração, 2010.

LEVY, S. M.; FERRARI, O.; GOMEDI, C.; ARAÚJO, C. A. M.; DALLAZEN, E.; MANTOVANI, J. A. P. Tecido cartilaginoso. *In*: ANDRADE, F. G, FERRARI. O.; (Org.). *Atlas digital de histologia básica*. Londrina: UEL, 2014. *E-book*.

LINHARES, S. GEWANDSZNAJDER, F.; PACCA, H. *Biologia Hoje*. São Paulo: Ática, volume único, 2016.

LOPES, S.; ROSSO, S. *Bio. Manual do Professor*. São Paulo: Saraiva, v. 1, 2013.

LOPES, S.; ROSSO, S. *Bio*. São Paulo: Saraiva, 3ª ed., v. 3, 2017.

MENDONÇA, V. L. *Biologia. Manual do Professor*. São Paulo: AJS, v. 1, 2016.

MOLINARO, E. M. *Conceitos e métodos para a formação de profissionais em laboratórios de saúde*: volume 2. Rio de Janeiro: EPSJV, 2010.

MONTANARI, T. *Atlas digital de biologia celular e tecidual [recurso eletrônico] / Tatiana Montanari*. Porto Alegre: Edição da Autora, 2016.

NETO, J. M.; ARAÚJO, E. J. A. Histologia. *In*: ARAUJO, E. J. A.; ANDRADE, F. G.; NETO, J. M. (Org.). *Atlas de microscopia para a educação básica*. Londrina: Kan, 2014.

NETO, J. M.; ARAÚJO, E. J. A.; ZUCOLOTO, A. Z.; MANCHOPE, M. F.; MATSUBARA, N. K.; VIEIRA, N. A. Tecido conjuntivo: fibras, variedades, tecido adiposo. *In*: ANDRADE, F. G., FERRARI. O.; (Org.). *Atlas digital de histologia básica*. Londrina: UEL, 2014. E-book.

OTEGUI, M. B.; TOTARO, M. E. *Atlas de histología vegetal*. 1ª ed. Posadas: EDUNAM. Editorial Universitaria de la Univ. Nacional de Misiones, 2007.

SOUZA, D. S.; MEDRADO, L.; GITIRANA, L. B. Histologia. *In*: MOLINARO, E. M., CAPUTO, L. F. G.; AMENDOEIRA, M. R. R. (Org.). *Conceitos e métodos para a formação de profissionais em laboratórios de saúde*: volume 2. Rio de Janeiro: EPSJV; IOC, 2010.

SWARÇA, A. C. Citologia Embriologia. *In*: ARAUJO, E. J. A.; ANDRADE, F. G.; NETO, J. M. (Org.). *Atlas de microscopia para a educação básica.* Londrina: Kan, 2014.

SWARÇA, A. C.; VICTORIANO, E.; NAKAGAWA, C. M. C.; PEREIRA, C. B.; LIMA, C. B. B. Tecido ósseo. *In*: ANDRADE, F. G., FERRARI. O.; (Org.). *Atlas digital de histologia básica.* Londrina: UEL, 2014. *E-book.*

ZAMBONI, A.; BEZERRA, L. M. *Ser Protagonista: ciências da natureza e suas tecnologias*: composição e estrutura dos corpos. São Paulo: Edições SM. 1ª ed., 2020.